新型职业农民培育系列教材

马铃薯规模生产与经营管理

◎ 张翠翠　张丽红　钟华义　主编

中国农业科学技术出版社

图书在版编目（CIP）数据

马铃薯规模生产与经营管理／张翠翠，张丽红，钟华义主编．—北京：中国农业科学技术出版社，2016.6

ISBN 978 - 7 - 5116 - 2519 - 9

Ⅰ.①马…　Ⅱ.①张…②张…③钟…　Ⅲ.①马铃薯 – 栽培技术 – 技师培训 – 教材　Ⅳ.①S532

中国版本图书馆 CIP 数据核字（2016）第 033451 号

责任编辑　白姗姗
责任校对　马广洋

出 版 者　中国农业科学技术出版社
　　　　　北京市中关村南大街 12 号　邮编：100081
电　　话　（010）82106638（编辑室）　（010）82109704（发行部）
　　　　　（010）82109709（读者服务部）
传　　真　（010）82106650
网　　址　http://www.castp.cn
经 销 者　各地新华书店
印 刷 者　北京富泰印刷有限责任公司
开　　本　850mm×1 168mm　1/32
印　　张　5.75
字　　数　149 千字
版　　次　2016 年 6 月第 1 版　2016 年 6 月第 1 次印刷
定　　价　24.00 元

《马铃薯规模生产与经营管理》
编 委 会

主　编　张翠翠　张丽红　钟华义

副主编　赵　伟　赵学新　刘玉龙　聂淑军

编　者　夏国辉　姜海军　张颖芳　袁海霞
　　　　　刘　伟

前　言

新型职业农民是现代农业生产经营的主体。开展新型职业农民教育培训，提高新型职业农民综合素质、生产技能和经营能力，是加快现代农业发展，保障国家粮食安全，持续增加农民收入，建设社会主义新农村的重要举措。党中央、国务院高度重视农民教育培训工作，提出了"大力培育新型职业农民"的历史任务。实践证明，教育培训是提升农民生产经营水平，提高新型职业农民素质的最直接、最有效的途径，也是新型职业农民培育的关键环节和基础工作。

为贯彻落实中央的战略部署，提高农民教育培训质量，同时也为各地培育新型职业农民提供基础保障——高质量教材，按照"科教兴农、人才强农、新型职业农民固农"的战略要求，迫切需要大力培育一批"有文化、懂技术、会经营"的新型职业农民。为做好新型职业农民培育工作，提升教育培训质量和效果，我们组织一批国内权威专家学者共同编写一套新型职业农民培育规划教材，供各新型职业农民培育机构开展新型职业农民培训使用。

本套教材适用新型职业农民培育工作，按照培训内容分别出版生产经营型、专业技能型和社会服务型三类。定位服务培训对象，提高农民素质，强调针对性和实用性，在选题上立足现代农业发展，选择国家重点支持、通用性强、覆盖面广、培训需求大的产业、工种和岗位开发教材；在内容上针对不同类型职业农民特点和需求，突出从种到收、从生产决策到产品营销全过程所需掌握的农业生产技术和经营管理理念；在体例上打破传统学科知识体系，以"农业生产过程为导向"构建编写体系，围绕生产过程和生产环节进行编写，实现教学过程与生产过程对接；在形式上采用模块化编写，教材图文并茂，通俗易懂，利于激发农民学习兴趣，具有较强的可读性。

《马铃薯规模生产与经营管理》是系列规划教材之一，适用于从事现代马铃薯产业的生产经营型职业农民，也可供专业技能型和专业服务型职业农民选择学习。本教材根据《生产经营型职业农民培训规范（马铃薯生产）》要求编写，主要介绍了现代马铃薯规模生产概况、耕播技术、田间管理技术、收获与贮藏技术、间作套种种植技术、特殊种植技术、机械化种植技术、经营管理等知识。本书具有实用性、通俗性、先进性和适合农村等特点。本书可作为生产经营型职业农民培训与农业技术人员培训教材，亦可作为相关专业教师、农技推广人员、工程技术人员的参考用书。鉴于我国地域广阔，生产条件差异大，各地在使用本教材时，应结合本地区生产实际进行适当选择和补充。

本书由张翠翠担任第一主编。本书在编写过程中得到河南省农业厅科教处、河南农业职业学院、濮阳市华龙区孟轲乡农业服务中心等单位的大力支持，同时也参考引用了许多文献资料，在此谨向上述单位和有关文献作者深表谢意。由于作者水平有限，书中难免存在疏漏和错误之处，敬请专家、同行和广大读者批评指正。

张翠翠

2015 年 10 月

目 录

模块一　现代马铃薯规模生产概况

【学习目标】

规模化生产是我国现代农业发展的主要方向。马铃薯产业的地位和作用决定了必须通过规模化生产来满足需求、提高效益。通过对本模块的学习，学员了解马铃薯规模生产的现状和存在的问题，知道马铃薯规模生产的发展趋势，熟悉马铃薯的生长习性和产量构成，会根据生产实际选择品种。

随着国家土地流转政策的实施，为实现农业规模化经营奠定了基础。马铃薯是我国第四大粮食作物，粮菜饲兼用，加工用途广，产业链条长，增产增收潜力大。近年来，我国马铃薯种植面积不断扩大，目前达8 000多万亩*，种植面积和总产均占世界的1/4，已成为世界马铃薯第一生产大国。据专家预测，马铃薯将是我国解决人口增长压力的重要食品，到2030年，我国近20%的人口将会以马铃薯食品作为主要粮食。

一、马铃薯的规模生产的现状

马铃薯在我国云南、贵州一带称芋或洋山芋，广西叫番鬼慈薯，山西叫山药蛋，东北各省多称土豆。马铃薯是粮食、蔬菜、饲料和工业原料兼用的主要农作物，具有丰产性好、适应性强、经济效益高和营养丰富的特点。马铃薯规模化生产，有利于集中技术指导与服务，就近收购与加工，降低成本，提高效益，适应

---

*　1亩≈667平方米，1公顷=15亩。全书同

产业化发展要求。

（一）马铃薯的规模生产的主要产区

马铃薯适应性强，分布广，种植区域大部分是在气候较凉爽、湿润地区，如华北、东北、内蒙古自治区（以下简称内蒙古）、云贵高原等。随着经济的发展，结合整体农业的发展布局，我国马铃薯栽培逐渐形成了区域相对集中、各具特色的北方一季作区、中原二季作区、西南一二季混作区和南方冬作区 4 大区域。

1. 北方一季作区

北方一季作区主要包括东北地区的黑龙江、吉林和辽宁除了辽东半岛以外的大部，华北地区的河北北部、山西北部、内蒙古全部以及西北地区的陕西北部、宁县、甘肃、青海全部和新疆维吾尔自治区（以下简称新疆）的天山以北地区。

北方一季作区为我国马铃薯最大的主产区，种植面积占全国的 49% 左右，面积最大的是内蒙古，其次是贵州、黑龙江、甘肃等，是我国主要的种薯产地和加工原料薯生产基地。

2. 中原二季作区

中原二季作区主要包括辽宁、河北、山西 3 省的南部，河南、山东、江苏、浙江、安徽和江西等省。

中原二季作区马铃薯种植面积占全国的 5% 左右。

3. 西南一二季混作区

西南一二季混作区主要包括云南、贵州、四川、重庆、西藏自治区（以下简称西藏）等省（区、市），湖南和湖北西部地区，以及陕西的安康市。

西南一二季混作区是我国马铃薯面积增长最快的产区之一，种植面积占全国的 39% 左右。

4. 南方冬作区

南方冬作区主要包括江西南部、湖南和湖北东部、广西壮族自治区（以下简称广西）、广东、福建、海南和中国台湾等。

南方冬作区利用水稻收获后的冬闲田种植马铃薯，在出口和早熟菜用方面效益显著，近年来种植面积迅速扩大，且有较大潜力，种植面积占全国的7%左右。

由于自然条件的地带性差异和不同的社会经济条件，不同地区的马铃薯生产在效率和效益上具有明显的差异。自2006年以来，我国马铃薯种植面积和总产量稳步上升。但是单产水平只有12.82吨/公顷，还达不到世界平均水平（16.69吨/公顷）的77%，与欧美发达国家的差距更大，我国马铃薯的生产潜力还没有完全释放。

（二）马铃薯规模生产存在的问题

1. 种薯质量问题

中国马铃薯单产水平一直较低，主要原因就是脱毒种薯应用范围较小。目前，中国脱毒种薯应用比例仅10%左右，很多脱毒种薯的质量还没有保障，如果真正使用高质量的脱毒种薯，马铃薯增产幅度较大，一般可以达到30%～50%。目前，应用和推广使用脱毒种薯范围较大的地区主要有山东、辽宁和广东等省区市。

中国马铃薯种薯存在以下问题。①部分基础苗带有病毒，这对原种和各级种薯的质量会产生直接影响。②我国的种薯繁育体系不健全，在基地选择、生产条件及繁育技术方面均存在一些问题，种薯质量较差。③中国种薯检验检疫体系还处于建设状态，缺乏种薯质量检测及权威认证机构的认可，尚不具备对所有种薯生产企业进行生产过程控制的能力，对混乱的种薯市场也没有好的解决措施，种薯市场缺乏规范性。

2. 生产投入问题

马铃薯生产的投入主要包括种薯、化肥、农药、机械设备、劳动力和其他费用等。高投入、高产出一直是发达国家马铃薯生产的主要特点，我国由于地域广阔，不同地区经济条件差别较大，对马铃薯生产的投入差别较大，因此生产水平也存在较大差异。据统计，单产水平最高的山东省为 39 吨/公顷，单产水平低的地区不到 6 吨/公顷，两者相差接近 5 倍。马铃薯的生产投入差距也很大，与国外发达国家相比，即使国内产量较高、投入较高的高产地区，马铃薯生产投入也只有发达国家的 50% 左右。

3. 机械化生产问题

美国、加拿大、英国、德国、法国、澳大利亚、日本和韩国等发达国家早在 20 世纪 70 年代就基本实现了马铃薯生产全程机械化，尤其是种植和收获机械的研制、推广和应用技术体系较为完善。法国、德国、荷兰等国家大量生产、使用和出口马铃薯生产机械。虽然我国马铃薯生产面积和产量均居世界第一位，但是马铃薯生产机械化程度不足 10%，与国际先进的 70% 机械化生产水平相比差距较大，严重制约了我国马铃薯生产效益的提高。

用于生产马铃薯的机械主要包括动力机械、整地机械、播种机械、中耕机械、施肥机械、喷药机械、灌溉机械、杀秧机械和收获机械等。其中播种和收获作业是马铃薯机械化生产过程中的关键环节，占生产总用工量的 70% 以上，劳动强度大、作业效率低。其原因是马铃薯播种设备存在播种精度低、种植密度无法保证等问题，国产马铃薯种植机基本还处于机械设计阶段，与国外先进的集自动化控制、液压系统和播种电子监测等系统为一体的大功率马铃薯种植机相比还较落后，尤其是在播种电子监测方面有较大的发展空间。现有马铃薯收获设备存在挖掘阻力大、块茎与土壤分离效果差和马铃薯破皮现象严重等问题。播种机械和收获机械的工作性能和质量优劣对马铃薯产量、单产水平和整体种植效益有重要影响。

4. 优质专用品种问题

长期以来，我国马铃薯育种工作主要以鲜食品种为目标，偏向于高产和抗病性状的选育，对其他性状考虑较少。生产上推广应用的品种多以菜用品种为主，用于加工薯片、薯条和高质量全粉的品种很少，优质专用型商品薯的供应只能满足需求量的 10%。

由于种质资源不足，国内马铃薯品种存在抗病性差的问题，尤其是对晚疫病、病毒病和青枯病抗病毒能力较弱，产量稳定性差，严重影响马铃薯的综合生产能力。目前，生产上普遍应用的一些品种相对比较老，一批新育成的专用型马铃薯品种正处于试验阶段，离推广应用还有一定差距。据不完全统计，克新 1 号仍是全国种植面积最大的马铃薯品种，占全国马铃薯种植面积的 15%左右。

此外，我国马铃薯产业还存在种植规模小、产业化程度低、贮藏运输技术落后、加工比例低等突出问题。

二、马铃薯规模生产的发展趋势

（一）马铃薯规模化生产的意义

1. 马铃薯是理想的食物来源

马铃薯营养丰富，含有人体必需的碳水化合物、蛋白质、维生素、膳食纤维等全部七大类营养物质，全面、平衡、价值高，集蔬菜和粮食作物的优点于一身，素有"地下苹果""第二面包"之称。马铃薯弥补了蔬菜和粮食作物营养中的不足，具有低脂肪、低热量的特点，符合现代人的膳食要求，是理想的食物来源。2015 年起，我国将启动马铃薯主粮化战略，推进把马铃薯加工成馒头、面条、米粉等主食。马铃薯将成稻米、小麦、玉米外又一主粮，预计 2020 年 50%以上的马铃薯将作为主粮消费，见下图。

2. 马铃薯用途广泛，是发展现代农业的重要产业

马铃薯既可当粮又可当菜，还是优质的饲料和重要的工业原料，其茎叶所含氮、磷、钾均高于紫云英，又是很好的绿肥。马铃薯亩产的饲料单位和可消化的蛋白分别比玉米高出 26.8 千克

图　马铃薯加工的食物（东方 IC 供图）

和0.62千克；马铃薯是制造淀粉、葡萄糖和酒精等的主要原料。马铃薯精淀粉和变性淀粉广泛用于纺织、印染、造纸、医药、化工、建材和石油钻探等行业，国外利用马铃薯已开发出2 000多种产品。马铃薯具有多功能性，产业链条长，市场需求旺，增值潜力大，是发展农产品加工业、加快发展现代农业的重要原料作物。

3. 马铃薯适应性广，是推进农业生产结构调整的重要途径

马铃薯具有耐旱、耐寒、耐瘠薄等特点，对土壤和气候条件的要求不严，具有良好的广适性，我国南北不同土壤、不同气候、不同地形地区均有种植，一些地方可实现多季种植。马铃薯在我国"三北"及西南地区是主要的粮食作物，在中部地区是重要的粮经间作物，在南方地区是有效的冬种作物。同时，马铃薯生育期短、再生能力强，对风雹等自然灾害的抵抗能力强，可以作为救灾作物广泛种植。

4. 马铃薯是出色的高效作物，是增加农民收入的重要来源

马铃薯含有蛋白质、碳水化合物、钙、磷、锌、铁、硫胺素、维生素B和维生素C及矿物质盐类等，是食品工业和医药制造业的重要原料之一，可以加工成淀粉、酒精、合成橡胶、人造丝、葡萄糖等数十种产品。通过加工转化，实现多次增值。内蒙

古、甘肃、宁夏回族自治区（以下简称宁夏）等一些地方，马铃薯产业已经成为农民增收的主要渠道；广西、湖南等地发展冬种马铃薯，"小土豆"变成了"金蛋蛋"，亩增纯收入500元左右，高产田块可达千元以上。今后，食品业、畜牧业和工业原料对马铃薯的需求将会不断增加，马铃薯及其加工产品将拥有更为广阔的市场前景，必将成为增加农民收入的重要来源。

（二）马铃薯规模化生产发展趋势

尽管我国是马铃薯生产大国，但还远远算不上马铃薯生产强国。针对目前我国马铃薯生产中存在的未形成规模化种植、缺乏优质品种，种薯退化严重、机械化水平较低、加工技术落后、缺乏政策支持等问题，从今后发展来看，充分发挥中国现有的自然资源，提高农民的生产效率，改变马铃薯生产的产出水平，进一步促进马铃薯加工业的发展，提升中国作为世界第一大马铃薯生产国的国际地位，成为当前中国马铃薯产业发展急需解决的问题。

1. 调整种植结构，总体布局，统一规划，促进规模化发展

我国马铃薯的种植仍以一家一户的分散式经营为主，存在投入多、产出少、专业化水平低、规模效益差等弊端。要实现规模化经营、实现规模效益土地集中是关键。需要积极促进土地合理有效流转，把分散的土地集中起来，把散户的土地集中在种田大户和合作社手中，集中管理和经营；创新经营组织模式，寻求有效、合理的农村土地规模化经营方式和途径，走区域化布局、专业化生产和规模化经营的现代农业发展道路。

2. 加强种业建设，规范种薯市场

促进种业的健康发展，必须加强规划和管理，重视生产和监管。重视种薯生产基础设施的建设，加大投入，建设规模化、工厂化的种薯生产体系；加快配套完善的标准和规范，建立健全脱毒种薯繁育和质量检测监督体系，增加监督力度，大力推广优良

种薯和脱毒种薯。除对生产企业的监管外，还要加大销售市场的管理，一方面应该建立种薯市场准入制度，规范种薯经营行为，通过建设专门的种薯储存和交易的市场，创造有序的市场环境；另一方面，政府应该鼓励生产企业积极打造区域品牌，增强种薯企业的活力和竞争力。通过对种业的双重管理，建立有序良性的竞争态势，促进种业从生产到销售的健康发展和规范化运转。

3. 培育龙头企业，推进马铃薯的产业化经营

推进马铃薯产业化经营，关键是搞好龙头企业建设。马铃薯产业化龙头企业可以是加工企业，也可以是批发市场和流通中介组织。不论是哪种形式，只要能与农民形成稳定的购销关系，能够带动农民发展马铃薯生产，进入市场，都应积极予以扶持。要引导、鼓励和扶持马铃薯合作社、协会和企业等产业一体化组织的发展，大力发展并完善"订单薯业"，促进龙头企业或组织与薯农形成利益共同体，实现马铃薯规模化经营。推广并完善"公司＋基地＋农户""专业市场＋基地＋农户""合作社＋企业＋农户""马铃薯协会＋加工企业＋农户"等多种一体化组织模式。推广应用契约制、合作制、股份制等多种一体化经营的利益分配机制。发挥龙头企业在引进、示范和推广新品种、新技术等方面的作用，不断进行技术创新。利用龙头企业开拓市场能力强、信息灵敏的优势，把市场信息、实用技术、管理经验及时传送给农户，组织开展马铃薯购销。政府在马铃薯产业政策、资金、税收等方面可以给予优惠，鼓励国内大型马铃薯企业或各种经济成分（个人、集体）建立马铃薯的加工、运输企业；鼓励薯农建立自己的运输、加工企业或合作社；鼓励产、加、销联盟，成立马铃薯产业合作组织，注册产品商标，创立品牌，大力开拓国内外市场，带动马铃薯集约化生产和产业化经营的发展。

4. 加强马铃薯科研工作力度，完善科技服务体系，提高马铃薯生产科技含量

目前，品种创新和技术进步是健全我国马铃薯种薯生产体

系，适应市场多元化发展，增强马铃薯产品国际竞争力的重要基础和根本保障。随着马铃薯产业的发展，我国马铃薯消费市场对品种的需求逐步呈多元化发展趋势，发展商品性状好，适宜鲜食（包括出口鲜薯）、油炸加工、淀粉加工、全粉加工等优质品种成为马铃薯产业发展的关键。针对目前马铃薯生产中优质专用、特用的自主产权品种缺乏的现状，今后应确立面向国际马铃薯生产和消费市场，以淀粉加工、油炸加工和早熟为育种目标，选育多种多样各具特色的马铃薯品种来适应市场的多元化需求。同时，加强马铃薯技术推广体系建设，完善新品种、新技术的展示，建立示范网络，加快马铃薯科技成果推广速度。要加强马铃薯科技成果转化，目前最为迫切的是健全马铃薯科技推广体系，改变单纯靠行政手段的传统推广形式，走行政组织与市场机制相结合，产学研、技工贸、产业化经营的路子，建立马铃薯科技推广的良好运行机制。

5. 加强马铃薯信息体系建设，及时为生产者提供信息服务

信息引导是市场经济条件下政府宏观调控的重要手段。建立科学准确、反应灵敏和运转高效的马铃薯信息体系，是马铃薯产业健康发展的重要条件。目前，一要加大农村信息基础设施建设力度，建立区乡农业部门与农户、企业之间的信息网络，逐步将农业信息网络向乡村特别是马铃薯种植大户及马铃薯协会、龙头企业延伸。加大"电波入户"工程实施力度，充分利用电台、电视和其他媒体，传播马铃薯实用技术和马铃薯产销与价格信息。二要提高信息的准确性、权威性和可用性，及时向农民传递权威的马铃薯生产、技术、价格和供求信息。三要加强马铃薯产地批发市场建设。产地批发市场贴近农民，与马铃薯生产联系密切，是农民进入市场并感受市场变化、获取市场信息最直接有效的场所。

此外，针对目前国内种薯市场混乱，假冒伪劣严重的现象，应建立全国马铃薯种薯质量监测报道体系，编制脱毒马铃薯种薯

质量年报，并将其作为政府宏观调控的手段，由政府每年定期公布，及时向马铃薯生产、加工的经营者提供马铃薯质量、安全、标准、品评等方面的信息。暴光脱毒种薯生产经营中的假冒伪劣、以次充好的现象，进行严格的市场监督，对于维护广大马铃薯种植者的利益，促进马铃薯产业健康发展有着十分重要的意义。

6. 加大政策扶持力度

根据现阶段我国马铃薯产业发展特点及薄弱环节，亟需国家在马铃薯主产区基础水利设施的建设和维护、良种补贴、农机具补贴等方面加大政策扶持，加强对马铃薯主产区的生产能力建设；探索马铃薯高新技术推广的新机制和新办法，加强农业技术推广体系建设；支持马铃薯主产区加工企业进行技术引进和技术改造，建设仓储设施。保证惠农政策渗透各个环节，从产出到销售，创造良好的政策环境，促进我国马铃薯产业健康快速发展。

7. 提高薯农组织化程度，发挥马铃薯行业协会的带动和促进作用

我国的马铃薯生产多年以来都是以家庭为基础的分散生产，生产者数量众多，生产规模狭小，组织程度低，从生产资料采购、病虫害防治到生产技术管理及产品销售等，缺乏科学指导和监督，导致马铃薯生产成本加大、产品品质参差不齐，难以形成规模效应。在市场经济环境下，作为独立的市场利益主体，不可避免地要面对激烈的市场竞争。农民在竞争中处于弱势地位，具有弱质性，在交易谈判中难以获得优势，建立马铃薯协会（或专业合作社），可以将农民组织起来，给农民提供生产资料、信息、技术指导等服务，降低马铃薯生产成本，维护农民的共同利益。

三、马铃薯的生长发育特性与产量构成

（一）马铃薯的生育时期

在作物生产中，马铃薯一般是从薯块到薯块的无性生长过程。马铃薯的植株是在适宜条件下，由根、茎、叶三部分密切配合，高度协调下生长发育的。马铃薯植株生长阶段分为发芽期（也称芽条生长期）、幼苗期、发棵期（也称块茎形成期）、块茎膨大期（也称块茎增长期、结薯期）、干物质积累期（也称淀粉积累期）、成熟收获期。

发芽期、幼苗期生长速度缓慢，发棵期、结薯期生长速度很快，到干物质积累期至成熟期生长速度又放缓慢。其总的生长速度呈"慢—快—慢"的规律，由此决定了对水分、养分的吸收速度也呈"慢—快—慢"的态势。

（二）马铃薯的生长发育特性

马铃薯在长期的栽培过程中，逐渐地对环境条件产生了适应能力，形成了一定的生长规律。了解并掌握这些规律，创造有利条件，满足马铃薯生长发育的需要，就可以达到增产增收的目的。

1. 喜凉特性

马铃薯植株的生长及块茎的膨大，有喜欢冷凉的特性。特别是在结薯期，叶片中的有机物质，只有在夜间温度低的情况下才能输送到块茎里。因此，马铃薯非常适合在高寒冷凉的地带种植。我国马铃薯的大多分布在东北、华北北部、西北和西南高山区，虽然经人工训化、培养，选育出早熟、中熟、晚熟等不同生育期的品种，但在南方气温较高的地方，仍然要选择气温适宜的季节种植马铃薯，不然也不会有理想的收成。

2. 分枝特性

马铃薯的地上茎、地下茎、匍匐茎和块茎都有分枝的能力。不同品种马铃薯的分枝多少和早晚不一样，一般早熟品种分枝晚，分枝数少，而且大多是上部分枝；晚熟品种分枝早，分枝数量多，多为下部分枝。地上茎分枝长成枝杈，地下茎的分枝，在地下的环境中形成了匍匐茎，其尖端膨大就长成了块茎。匍匐茎的节上有时也长出分枝，只不过它尖端结的块茎不如原匍匐茎结的块茎大。块茎在生长过程中，如果遇到特殊情况，它的分枝就形成了畸形的薯块。上年收获的块茎，在翌年种植时，从芽眼长出新植株，这也是由茎分枝的特性所决定的。如果没有这一特性，利用块茎进行无性繁殖就不可能了。

3. 再生特性

如果把马铃薯的主茎或分枝从植株上取下来，给它一定的水分、温度和空气等条件，下部节上就能长出新根，上部节的叶芽也能长成新的植株。如果植株地上茎的上部遭到破坏，其下部很快就能从叶腋处长出新的枝条，同样具备制造营养和上下输送养分的功能，使下部薯块继续生长。马铃薯对雹灾和冻害的抵御能力强的原因，就是它具有很强的再生特性。在生产和科研上利用这一特性，进行"育芽掰苗移栽""剪枝扦插"和"压蔓"等来扩大繁殖倍数，加快新品种的推广速度。特别是近年来，在种薯生产上普遍应用的茎尖组织培养生产脱毒种薯的新技术，仅用一小点茎尖组织，就能培育成脱毒苗。脱毒苗的切段扩繁，微型薯生产中的剪顶扦插等，都大大加快了繁殖速度，收到了明显的经济效果。

4. 休眠特性

新收获的马铃薯品种块茎，既使放在最适宜的发芽条件下，也不能在短期内发芽，必须经过一段时期才能发芽，这段时期叫作块茎的"休眠期"，这种现象叫作块茎的"休眠"。这是马铃薯在发育过程中，为抵御不良环境而形成的一种适应性。休眠的块茎,呼吸微弱,维持着最低的生命活动,经过一定的贮藏时间,"睡醒"了才能发芽。马铃薯从收获至萌芽所经历的时间叫休眠期。

块茎的休眠期长短与品种有关。一般早熟品种比晚熟品种休眠时间长。同一品种,如果贮藏条件不同,则休眠期长短也不一样,即贮藏温度高的休眠期缩短,贮藏温度低的休眠期会延长。另外,由于块茎的成熟度不同,块茎休眠期的长短也有很大的差别,幼嫩块茎的休眠期比完全成熟块茎的长,微型种薯比同一品种的大种薯休眠期长。

块茎的休眠特性,在马铃薯的生产、贮藏和利用上,都有着重要的作用。在用块茎作种薯时,它的休眠的解除程度,直接影响着田间出苗的早晚、出苗率、整齐度、苗势及马铃薯的产量。因此,贮藏马铃薯块茎时,要根据所贮品种休眠期的长短,安排贮藏时间和控制窖温,防止块茎在贮藏过程中过早发芽,而影响使用价值。

5. 腋芽变匍匐茎、匍匐茎变分枝的特性

正常生长的马铃薯着生叶片的节上,生有腋芽,腋芽伸长则长成分枝。如果改变环境条件,把着生腋芽的节间,埋入土壤中,有水分和养分供应,并处于黑暗的条件下,腋芽就会长成匍匐茎,顶端膨大,长成块茎。如果地下茎受伤、发病,地上叶子制造的营养输送不到地下的块茎中,这些营养就积累在地上茎靠下部的腋芽里,形成小块茎,因见光呈绿色,人们把这样的小块茎叫做"气生薯"。

埋在土壤里的地下茎生长的匍匐茎,正常生长顶端膨大长成块茎,如果环境条件变化,覆土太浅,匍匐茎受光受热,则顶端不膨大,伸出地面而长出叶片,变成小分枝,叫做"窜箭",影响产量。

（二）马铃薯的产量构成

马铃薯的产量由单位面积株数和单株结薯重量构成。单位面积株数由密度决定，而单株结薯重量则由单株结薯数和平均薯块重量决定。在栽培条件和品种不同时，其产量构成因素的主次关系有所不同。在栽培水平较低的情况下，马铃薯单株产量低，只能通过增加种植密度来提高单位面积产量；在栽培水平较高的情况下，种植密度达到一定限度时，应充分发挥单株的增产潜力。生产实践证明，凡是单株产量较高的，单位面积产量一定也高。不少资料表明，平均单株产量不足 500 克（克）时，每亩产量很少超过 2 500 千克；而平均单株产量在 500 克以上者，一般每亩产量都超过 2 500 千克，如果达不到 2 500 千克，主要是密度不足所致。

合理的密度是获得马铃薯高产的基础。在目前生产水平下，北方一熟区以每亩 3 800～5 500 株为宜；南方地区，由于多采用早熟品种，生育期短，密度比北方偏高，一般每亩在 6 000 株以上。

四、马铃薯的品种类型与优良品种

（一）马铃薯的主要品种类型

1. 按成熟期分类

马铃薯按成熟期可分为：早熟、中暑和晚熟 3 种类型。早熟品种一般在播种后 70～90 天成熟；中熟品种一般在播种后 90～100 天成熟；晚熟品种一般在播种后 100 天以上成熟。早、中熟品种一般节间较短，植株较矮，大部分株高在 50 厘米左右；发育早，现蕾、开花均早；有的只现蕾不开花或花期很短；分枝多在茎的中上部。晚熟品种节间稍长，植株较高，大部分植株在 70

厘米左右；现蕾开花较晚，花期长，有的可连续发出花梗；分枝大多靠近茎的下部。

2. 按用途分类

马铃薯按其用途可分为菜用型品种、淀粉加工型品种和油炸食品加工型品种。

（1）菜用型品种 该类品种因具备大中薯率高（＞75%）、薯形好、整齐一致、芽眼浅、表皮光滑等几项基本条件。对薯皮和颜色，不同地区的人们有不同的要求，如广东人喜欢黄皮黄肉品种，北方人则喜欢白皮白肉品种。菜用型品种对淀粉含量要求不高，以低淀粉含量为好。

（2）淀粉加工型品种 该类品种要求产量高，尤其是淀粉含量必须在15%以上，同时芽眼要浅，便于加工时清洗。该类型对大中薯率和块茎表面形状要求不严格。

（3）油炸食品的加工型品种 该类型品种包括油炸薯条型和油炸薯片型2种。其特点是是芽眼浅，容易去皮，干物质含量高于19.6%，还原糖含量低于0.3%，且耐储藏。其中油炸薯条品种还要求薯形必须是长椭圆形，大中薯率要高，长度在6厘米以上，宽不小于3厘米，重量在120克以上应占80%，白皮或褐皮白肉，无空心，无青头；油炸薯片品种，要求薯形接近圆形，个头不要太大，50~150克最适宜。

（二）马铃薯优良品种介绍

1. 适于鲜食或出口的早熟品种

（1）中薯2号 中国农业科学院蔬菜花卉研究所用LT－2作母本，DT－33作父本杂交育成。1990年通过北京市农作物品种审定委员会审定。

①特性特征。极早熟，出苗后50~60天收获。植株较矮小，一般40~50厘米，分枝较少，花冠白色，雄性不育。块茎卵圆形，浅黄皮黄肉，芽眼浅。结薯集中，大中薯率85%以上。高抗

花叶病毒，轻感卷叶病毒，茎叶感晚疫病，块茎抗晚疫病性强，耐贮性较好。淀粉含量12%左右，还原糖含量低于0.2%，蛋白质含量1.4%～1.7%，100克鲜薯维生素C 80毫克。一般亩产1 500千克，高者可达2 000千克以上。

②适应地区及栽培要点。适宜在中原二季作区、南方作区和北方一季作区作为早熟蔬菜培植。由于植株较矮，可与玉米、棉花等作物间作套种。该品种早熟、株矮，应适当密植，密度为4 500～5 000株/亩。结薯期干旱时，应及时浇水，以免发生二次生长，影响产量和商品质量。

（2）中薯3号　中国农业科学研究院蔬菜花卉研究所用京丰1号作母本，BF66A作父本杂交育成。1994年通过北京市农作物品种审定委员会审定。

①特性特征。早熟，生育期67天左右。株形直立，株高50厘米左右，单株茎数3个左右，茎绿色，叶绿色，茸毛少，叶缘波状。花序总梗绿色，花冠白色，雄蕊橙黄色，柱头3裂，天然结实。块茎椭圆形，浅黄皮淡黄肉，表皮光滑，芽眼少而浅，单株结薯5～6个，商品薯率80%～90%。幼苗生长势强，枝叶繁茂，匍匐茎短，块茎休眠期60天左右，耐贮藏。食用品质好，淀粉含量12%～14%，还原糖含量0.3%，100克鲜薯维生素C含量20毫克。抗花叶病毒病，不抗晚疫病，一般亩产1 500～2 000千克。

②适应地区及栽培要点。适应性广，耐旱。适合二季作区春、秋两季栽培和一季作区早熟栽培，可与玉米、棉花等作物间作套种。栽培密度为4 000～5 000株/亩，结薯期和块茎膨大期如遇干旱，应及时灌溉。

（3）中薯4号　中国农业科学研究院蔬菜花卉研究所用东农3012作母本，85T－13－8作父本杂交育成。1998年通过北京市农作物品种审定委员会审定。

①特性特征。属极早熟、优质、炸片型马铃薯新品种。株形

直立，分枝少，株高 55 厘米左右，茎绿色，基部呈淡紫色。叶深绿色，大小中等，叶缘平展。花冠白色，能天然结实，极早熟，从出苗至收获 60 天左右。块茎长圆形，皮肉淡黄色，薯块大而整齐，结薯集中，芽眼少而浅。淀粉含量 13.3%，还原糖含量 0.47%，粗蛋白脂含量 2.04%，100 克鲜薯维生素 C 含量 30.6 毫克。食味好，适于炸片和鲜薯使用。休眠期短，植株较抗晚疫病，抗马铃薯 X 病毒和 Y 病毒，生长后期轻感卷叶病、抗疮痂病，种性退化慢。一般亩产 1 500~2 000 千克。

②适应地区及栽培要点。适于中原二季作区、南方二季作区和西南单双季混作区早熟栽培，也适合与其他作物间作套种。一般种植密度 4 500~5 000 株/亩。块茎膨大期如遇干旱，须及时灌溉，避免二次生长和产生畸形薯，以获高产。

（4）早大白　辽宁省本溪市马铃薯研究所育成。

①特征特性。早熟、抗病、高产，并具有薯块大而整齐、白皮白肉、商品性好的特点。出苗快，前期生长迅速，一般播后 85 天成熟；结薯集中、整齐，薯块膨大快，播后 75 天大中薯比例（商品率）达 80% 以上，淀粉含量 11%~13%。亩产 2 000 千克左右。

②适应地区及栽培要点。该品种主要在中原马铃薯二季作地区种植，分布在山东、安徽、江苏、河北和辽宁等省。一季作地区的城市郊区作为早熟栽培。适宜种植密度 4 500~5 000 株/亩，需在肥水条件较好的土壤中栽培，及时防治晚疫病。

（5）豫马铃薯 1 号　河南省郑州市蔬菜研究所用高原 7 号作母本，762-93 作父本杂交育成。1993 年经河南省农作物品种审定委员会审定。

①特征特性。早熟、休眠期短，45 天左右。株高 60 厘米左右，株形直立，茎粗壮，分枝 2~3 个，叶片较大，绿色。花冠白色，花药黄色，能天然结实。薯块椭圆形，尾部稍尖，黄皮黄肉，表皮光滑，芽眼浅而少。单株结薯 3~4 块，结薯集中，薯

块大而整齐，大中薯率90%以上。块茎食用品质好，淀粉含量13.42%，粗蛋白1.98%，100克鲜薯维生素C含量13.89毫克、还原糖0.089%，适合外贸出口。一般亩产2 250千克左右，高产可达4 000千克。植株较抗晚疫病和疮痂病，易感卷叶病毒。

②适应地区及栽培要点。适应性较广，在吉林、河北、河南、山东、四川、广东等省都有栽培。适于春、秋二季栽培，秋季用小整薯播种，避免高温高湿烂种，一般栽培密度为4 000～5 000株/亩。

（6）鲁引一号　该品种是山东省农业科学院蔬菜研究所选育的早熟新品种。目前是山东省的主栽品种。

①特征特性。鲁引1号生育期（出苗到收刨）65天左右。块茎休眠期短，适于春、秋两季栽培。株型直立，株高60厘米左右。茎秆粗壮，分枝少。因此适合于与其他作物进行间作套种。叶片肥大、叶缘呈波浪状，花淡紫色。块茎呈长椭圆形，芽眼极浅，薯皮光滑，外形美观，黄皮黄肉，食味好，品质优良。干物质含量17%～18%，淀粉含量13%左右。粗蛋白含量1.6%，100克鲜薯维生素C含量13.6毫克。适合鲜食和出口，在中国香港及东南亚市场极为畅销。植株结薯集中，块茎膨大速度快、大小均匀。一般产量2 500千克/亩。肥水好的高产地块，亩产可达4 000千克。鲁引1号对病毒抗性中等，较抗疮痂病和环腐病，易感晚疫病。因此，在雨水较多、气候潮湿的地区种植时，应注意防病。

②适应地区及栽培要点。适合山东省及中原地区栽培。生产中要施足基肥，生长期间一般不再追肥。如需追肥，则应早追。在块茎膨大期间要注意勤浇水，始终保持土壤湿润。提前催大芽播种（芽长2厘米左右）。春季栽培密度4 500株/亩，秋季密度可适当加大。

（7）双丰四号　双丰四号是山东省农业科学院蔬菜研究所育成的新品种。

①特征特性。该品种特早熟，出苗到收获 55 ~ 60 天。植株生长势较弱，株高 45 ~ 50 厘米，分枝性中等。花白色，花粉可育，天然结实。田间抗马铃薯花叶病毒病。薯形椭圆、整齐，黄皮黄肉，芽眼浅，是理想的早熟栽培品种。

②适应地区及栽培要点。在二季作地区每亩地栽植 4 700 ~ 5 000株，在充足的肥水条件下，一般亩产 1 700 ~ 2 000 千克。该品种适合与其他作物进行间作套种。其他栽培管理措施参见鲁引 1 号。

（8）东农 303　该品种是东北农业大学育成的特早熟品种，出苗到收刨 55 ~ 60 天，在全国推广面积也很大。

①特征特性。块茎休眠期短，植株直立，株高 45 ~ 50 厘米，分枝较少，适合与其他作物间作套种。叶片颜色较浅，叶片较大，小叶平展。块茎椭圆形，芽眼较多、较浅，薯皮光滑、黄色，薯肉黄色，较耐贮藏。干物质含量 20.5%，淀粉含量 13% ~ 14%，粗蛋白含量 2.5%，100 克鲜薯维生素 C 含量 14.2 毫克。适于鲜食和加工。结薯集中，单株结薯数较多，但薯块较小。一般单产 2 000 千克左右。该品种较抗病毒病和环腐病，不抗晚疫病（但块茎抗性较强）。

②适应地区及栽培要点。适合于春秋二季栽培，栽培中宜适当密植。一般春季 5 000 株/亩，秋季 5 500 株/亩。其他栽培措施与鲁引 1 号相同。

2. 适于鲜食或出口的中熟品种

（1）克新 1 号　该品种系黑龙江省农业科学院马铃薯研究所于 1958 年杂交育成。1984 年经全国农作物品种审定委员会认定为国家级品种，1987 年获国家发明二等奖。

①特征特性。中熟品种，生育期 110 天左右。株形开展，分枝较多，株高 70 厘米左右，茎绿色，复叶大，叶绿色，生长势强。花冠淡紫色，花药黄绿色，无花粉。块茎椭圆形，白皮白肉，表皮光滑，芽眼较多、中等深度。结薯集中，块茎大而整

齐，休眠期长，耐贮藏。食用品质中等，含淀粉 13% ~ 14%，粗蛋白 0.65%，100 克鲜薯维生素 C 含量 14.4 毫克，含还原糖 0.52%。植株抗晚疫病（块茎易感病）高抗环腐病，抗 Y 病毒和卷叶病毒。根系发达，耐旱性极强。一般亩产 1 500 ~ 2 000 千克，高产可达 2 500 千克以上。主要分布在黑龙江、吉林、辽宁、内蒙古、河北、山西等省（区）。

②适应地区及栽培要点。该品种适应性广，主要分布在黑龙江、吉林、辽宁、内蒙古、河北、山西等省（区），中原二作区的山东、安徽、上海等省（直辖市）也有栽培。20 世纪 70 年代末至 80 年代初曾是中国种植面积最大的品种之一。目前，内蒙古的乌兰察布盟 47 万公顷马铃薯，其中克新 1 号占 95%。一般种植密度 3 500 ~ 4 000 株/亩。

（2）克新 3 号　黑龙江省农业科学院马铃薯研究所杂交育成。1986 年经全国农作物品种审定委员会审定为国家级品种。

①特征特性。中熟，出苗后 95 天左右收获。株高 65 厘米，分枝多，茎实性强。块茎扁椭圆形，黄皮有细网纹；肉淡黄色，芽眼较深，结薯集中，块茎大，耐贮藏。干物质含量 21.75%，淀粉含量 15% ~ 16.5%，还原糖含量 0.01%，粗蛋白含量 1.37%，100 克鲜薯维生素 C 含量 13.4 毫克。植株抗晚疫病，高抗环腐病，抗 Y 病毒和卷叶病毒，较耐涝。平均亩产量 1 500 千克，高产可达 2 000 千克。适宜鲜食及加工用。

②适应地区及栽培要点。适应性广，主要分布在黑龙江、吉林、广东、福建等省。一般密度为 3 500 ~ 4 000 株/亩。

（3）克新 13 号　黑龙江省农业科学院马铃薯研究所选育而成。1999 年通过黑龙江省农作物品种审定委员会审定。

①特征特性。中熟，出苗后 100 天左右收获。株形直立，株高 65 ~ 70 厘米，株丛繁茂，分枝中等。茎粗壮绿色，茎横断面三棱形；叶绿色，叶缘平展，复叶大小中等，顶小叶卵形；花序扩散，花白色。块茎圆形，大而整齐，黄皮淡黄肉，表皮有网

纹，芽眼深度中等。耐贮性强，结薯集中。对花叶病毒病（PVX）田间过敏，抗卷叶病毒病（PLRV），耐纺锤块茎病毒（PSTV），轻感烟草花叶病毒病（TMV）。田间抗晚疫病，丰产性好，商品薯率90%以上。食味优良，淀粉含量14%～16%。一般亩产2 000～3 000千克。

②适应地区及栽培要点。适应性较广，在黑龙江、吉林、河北、内蒙古、山东等省、自治区都有种植。该品种喜肥水，适宜密度为3 500～4 000株/亩。

（4）冀张薯3号 河北省张家口地区坝上农业科学研究所从荷兰品种奥斯塔拉的组织培养变异株选出，根据其开花特性，又成为"无花"。1994年经河北省农作物品种审定委员会审定。

①特征特性。中熟，出苗后95天左右收获。株形直立，株高75厘米左右。茎、叶深色，茎壮，花小，白色，落蕾不开花。块茎黄皮黄肉，薯块大而整齐。芽少而浅，外形美观。休眠期中等，不耐贮藏。薯块含淀粉15.1%，还原糖0.92%，100克鲜薯维生素C含量21.2毫克。植株中抗晚疫病，感环腐病，易退化。每亩产量2 000千克左右。适宜密度每亩3 500～4 000株。

②适应地区及栽培要点。适应性广，在华北、东北一季作区和西南区都有栽培。在肥力好的土壤中可获高产。适宜密度每亩3 500～4 000株/亩。

3. 适于鲜食和出口的中晚熟、晚熟品种

（1）威芋3号 贵州省威宁县农业科学研究所利用克疫实生种子系统选育而成。2002年通过贵州省农作物品种审定委员会审定。

①特性特征。中晚熟，全生育期110天左右，株高60厘米左右，株形半直立，分枝6个左右，叶色浅绿，花冠白色，天然结实性弱。结薯集中，薯块长筒形，黄皮白肉，芽眼浅，表皮较粗。大中薯率80%以上，耐贮藏。食用品质较好，淀粉含量16.24%，还原糖含量0.33%。植株耐晚疫病，抗癌肿病，轻感

花叶病毒。一般平均亩产 1 800 千克左右。

②适应地区及栽培要点。适宜云南、贵州 1 200 米以上马铃薯种植区域。该品种质量高，需肥量大，应选择肥力好、疏松土壤种植。纯种密度一般为 3 000～4 000 株/亩；与玉米套种为 2 000～2 500 株/亩。

（2）中薯 15 号　由中国农业科学院蔬菜花卉研究所选育，该品种符合国家马铃薯品种审定标准，2009 年通过审定。

①特性特征。中薯 15 号是中晚熟鲜食品种，生育期 93 天左右。植株直立，生长势较强，株高 55 厘米左右，分枝较少，枝叶繁茂，茎绿带褐色，叶绿色，花冠白色，天然结实中等；块茎长椭圆形，淡黄皮淡黄肉，芽眼浅，表皮光滑，薯块整齐度中等，匍匐茎短，区试商品薯率 52.8%。经人工接种鉴定：植株抗马铃薯 X 病毒病、中抗马铃薯 Y 病毒病，高感晚疫病。块茎品质：干物质含量 23.1%，淀粉含量 14%，还原糖含量 0.32%，粗蛋白含量 2.37%，100 克鲜薯维生素 C 含量 14 毫克。平均块茎亩产 1 344.3 千克。

②适应地区及栽培要点。适宜在河北北部、陕西北部、山西北部、内蒙古中部种植。选用优质脱毒种薯，播前一个月出库（窖）催芽，4 月中下旬或 5 月上旬播种；每亩种植密度 3 500～4 000 株；适当增施有机肥，合理增施化肥；及时中耕培土，有条件的地块及时灌溉；在 7 月中下旬至 8 月下旬期间及时防治晚疫病。

（3）晋薯 13 号　山西省农业科学院高寒作物研究所杂交育成，2004 年通过山西省农作物品种审定委员会审定。

①特征特性。中晚熟，出苗后 105 天左右收获。株型直立，株高 80 厘米左右，茎绿色，生长势强，叶淡绿色，花冠白色，天然结实性中等，浆果内有种子。块茎圆形，薯皮黄色，薯肉淡黄色，芽眼深度中等，结薯集中，大中薯率 80% 左右，块茎休眠期中等，耐贮藏。淀粉含量 15% 左右，100 克鲜薯维生素 C 含量

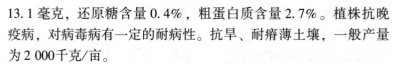

13.1毫克，还原糖含量0.4%，粗蛋白质含量2.7%。植株抗晚疫病，对病毒病有一定的耐病性。抗旱、耐瘠薄土壤，一般产量为2 000千克/亩。

②适应地区及栽培要点。适应性较广，在山西、陕西北部、河北、内蒙古、东北等一季作地区栽培。种植密度一般为3 000～4 000株/亩。

（4）晋薯14号　山西省农业科学院高寒作物研究所杂交育成，2004年通过山西省农作物品种审定委员会审定。

①特征特性。中晚熟，出苗后110天左右收获。株型直立，分枝较少，株高75～90厘米，茎秆粗壮，生长势强；叶色浓绿。花冠白色，芽眼深度中等，结薯集中，块茎大而整齐，耐贮藏。淀粉含量15.9%左右，100克鲜薯维生素C含量14.9毫克，还原糖含量0.46%，粗蛋白质含量2.3%。植株抗晚疫病、环腐病和黑胫病。抗旱、耐瘠薄土壤，一般产量2 000千克/亩。

②适应地区及栽培要点。适应性广，在山西、陕西北部、河北、内蒙古、东北等一季作地区栽培。一般种植密度3 000～3 500株/亩。

（5）冀张薯10号　河北省高寒作物研究所杂交育成，2008年经河北省农作物品种审定委员会审定。

①特征特性。晚熟品种，生育期94天。株型直立，株高53厘米，叶绿色，茎淡绿色，花冠淡紫色，天然结实性中等；块茎圆形，白皮白肉，芽眼浅，表皮光滑，商品薯率72%；淀粉含量17.5%。晚疫病、花叶病、卷叶病、早疫病较轻。一般产量1 700～2 000千克/亩。

②适应地区及栽培要点。适宜在河北、山西、内蒙古、陕西榆林等华北一季作区种植。一般种植密度为3 800～4 000株/亩。

4. 适于淀粉加工的中早熟品种或中熟品种

（1）春薯3号　吉林省农业科学院蔬菜花卉研究所育成。1990年通过吉林省农作物品种审定委员会审定，1997年经全国马铃薯品种审定委员会审定为国家级品种。

①特征特性。中熟，出苗后 90～100 天收获。株形直立，生长势强，株高 80～100 厘米。茎粗壮，绿色，叶片大，浅绿色，花白色，根系发达。结薯集中，单株结薯数多且分层。薯块圆形，中薯率高，大薯率低，薯皮浅黄并带有网纹。薯肉白色，芽眼浅，含淀粉 17%～18%，含还原糖低，适于食用和淀粉加工。高抗晚疫病，抗干腐病，中度退化，抗旱性强。每亩产量 2 000千克左右。

②适应地区及栽培要点。适应性广，已在吉林、辽宁、黑龙江和四川推广。要求稀植高肥，种植密度为 3 600～5 000株/亩。

（2）鄂马铃薯 5 号　由湖北省恩施市南方马铃薯研究中心选育。

①特征特性。鄂马铃薯 5 号属中熟类型，出苗至成熟 89 天，植株生长繁茂，株型半扩散，株高为 60 厘米，茎粗 1.0 厘米，主茎数 5.5 株，匍匐枝短，茎叶绿色，花冠白色，开花繁茂。块茎扁圆形，结薯集中，单株结薯 12 个左右，黄皮白肉，表皮光滑，芽眼浅，商品薯率 80% 左右，块茎休眠期长。干物质含量24.90%，淀粉含量 19.23%，100 克鲜重维生素 C 含量 18.35 毫克，还原糖含量 0.16%，食味上等。干物质及淀粉含量较高，口感食味好，耐贮藏，特别适宜淀粉加工。出苗整齐，植株较矮，叶片较小，生长势强，产量高，高抗晚疫病和青枯病以及其他病害。

②适应地区及栽培要点。一般使用脱毒种薯比使用普通种薯增产 30%～50%。采用育芽带薯移栽新技术；施肥以腐熟的猪、牛栏粪或堆肥等有机肥料作底肥，每亩用量为 2 000～2 500千克，同时施 20 千克过磷酸钙，15～20 千克硫酸钾复合肥（15∶15∶15）均有明显的增产效果。一般单作每亩栽种 4 000～4 400株为宜，株距 33 厘米，行距 50 厘米；套作条件下采用 160 厘米宽行内双行套种双行玉米或其他作物，马铃薯以每亩栽种 2 400～

2 800株为宜。

（3）系薯1号 由山西省农业科学院高寒作物品种研究所育成。

①特征特性。中早熟，出苗后80天左右收获。株型直立，株高40～50厘米，茎绿色兼有紫色素；叶片肥大、色浓绿。花冠白色，开花少。块茎圆形，大而整齐，紫皮白肉，芽眼深度中等，结薯集中。食用品质好，淀粉含量17.5%，100克鲜薯维生素C含量25.2毫克，还原糖含量0.35%，适于食用和淀粉加工。植株高抗晚疫病，对皱缩花叶病毒过敏。耐旱，一般产量1 500～2 000千克/亩。

②适应地区及栽培要点。适宜在西北、华北干旱地区栽培，也可与玉米间作套种。一般种植密度为4 000～4 500株/亩。

5. 适于淀粉加工的中晚熟或晚熟品种

（1）陇薯2号 甘肃省农业科学院粮食作物研究所育成。1990年通过甘肃省农作物品种审定委员会审定。

①特征特性。晚熟，出苗后120天左右收获。株型开展，株高65厘米左右，叶色浓绿。花冠淡紫红色。块茎扁椭圆形，大而整齐，黄皮黄肉，芽眼深度中等，结薯集中，块茎休眠期短。淀粉含量18.6%，粗蛋白质含量1.8%，100克鲜薯维生素C含量14.02～18.21毫克，还原糖含量0.65%，适于鲜食和淀粉加工。植株抗晚疫病，轻感青枯病和环腐病，较抗卷叶病毒病。一般产量为2 000～3 000千克/亩。

②适应地区及栽培要点。适合西北一季作地区栽培，甘肃省面积较大。该品种要求高肥足水，一般种植密度为4 000～4 500株/亩。

（2）晋薯11号 山西省农业科学院高寒区作物研究所杂交育成，原系谱号9341－14。2003年通过山西省农作物品种审定委员会审定。

①特征特性。中晚熟，出苗后110天左右收获。株型直立，

分枝少，株高 70～100 厘米，茎紫色，茎秆粗壮，生长势强。叶片淡绿色。花冠白色，天然结实性中等。块茎扁圆形，黄皮淡黄肉，表皮光滑，块茎大而整齐，大薯率高，芽眼深度中等而少，结薯集中，耐贮。干物质含量 21%，淀粉含量 17.5% 左右，还原糖含量 0.28%，100 克鲜薯维生素 C 含量 17.3 毫克。植株高抗晚疫病、环腐病和黑胫病，抗花叶病毒病。根系发达，抗旱耐瘠薄，一般产量为 1 500 千克/亩。

②适应地区及栽培要点。适应范围较广，北方一季作区均可种植。适宜密度为 4 000 株/亩；生育期加强肥水管理，块茎膨大期分次培土。

（3）榆薯 1 号　陕西省榆林地区农业科学研究所杂交育成。1993 年通过陕西省农作物品种审定委员会审定。

①特征特性。中晚熟，出苗后 110 天左右收获。株型直立，株高 70 厘米左右，茎绿色，叶色浓绿。花冠白色，天然结实性弱。块茎圆形，大而整齐，白皮白肉，芽眼深度中等，结薯集中。食用品质优良，淀粉含量 18.3%，粗蛋白质含量 2.1%。植株抗晚疫病，轻感普通花叶病毒病和疮痂病。耐旱、耐寒，一般产量 1 600 千克/亩。

②适应地区及栽培要点。主要在陕西榆林地区和其周边地区种植。一般种植密度为 3 500 株/亩。

（4）克新 12 号　黑龙江省农业科学院马铃薯研究所从德瑞它（Dorita）自交后代中选出。1992 年通过黑龙江省农作物品种审定委员会审定。

①特征特性。中晚熟，出苗后 100 天左右收获。株形直立，株高 68 厘米左右，分枝中等，茎秆粗壮，复叶中等大小。叶片浅绿色，花冠白色，天然结实性弱。块茎圆形且整齐，中等大小，表皮光滑，淡黄皮、白肉，芽眼浅。抗花叶病毒和卷叶病毒，田间高抗晚疫病，抗环腐病，耐贮性强。结薯集中，淀粉含量 18%～21%，100 克鲜薯维生素 C 含量 14.4 毫克，还原糖含量

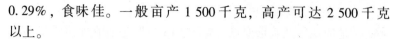

0.29%，食味佳。一般亩产 1 500 千克，高产可达 2 500 千克以上。

②适应地区及栽培要点。适合黑龙江种植。该品种植株健壮，喜肥；种植密度为 3 200～4 200 株/亩。

（5）垦薯 1 号 黑龙江八一农垦大学以 гибрид128－6 为母本，брянский надежный 为父本，杂交育种方法选育而成。2013 年通过黑龙江省农垦总局种子管理局审定，是黑龙江农垦系统首个马铃薯品种。

①特征特性。中晚熟品种，在适应种植区生育日数 110 天左右。需≥10℃活动积温 2 200℃左右。株型直立，株高 60 厘米左右，分枝中等。茎绿色，叶绿色，花冠紫色，花药黄色，子房断面淡黄色。块茎椭圆形，淡红皮白肉，芽眼浅，结薯集中。商品薯率 90%。块茎淀粉含量：17.69%～19.52%；100 克鲜薯维生素 C 含量 8.96 毫克，还原糖含量 0.19%。接种鉴定结果，抗晚疫病，抗马铃薯花叶病毒病。一般亩产量 1 320 千克。

②适应地区及栽培要点。该品系适宜在黑龙江垦区第一、第二、第三、第四积温带种植。在适应区 5 月 1 日左右播种。每亩保苗株数 4 000～4 700 株。选择土质肥沃、透气性好的漫川漫岗地块种植，采用 80 厘米以上大垄高台密植的栽培方式，播种前半个月进行种薯催芽，出芽后播种。

（6）宁薯 15 号 高淀粉马铃薯新品种"宁薯 15 号"系宁夏回族自治区固原市农业科学研究所用"宁薯 8 号"作母本，"云南 6 号"作父本，经有性杂交选育。2014 年 1 月通过宁夏回族自治区农作物品种审定委员会审定，定名为宁薯 15 号。

①特征特性。宁薯 15 号属中晚熟品种，生育期 105 天。出苗整齐，株形直立，茎秆粗壮，茎绿色，叶色浓绿，复叶较大，枝叶繁茂，生长势强，株高 65 厘米，聚伞花序，花冠白色。主茎 1～3 个，分枝 6 个，单株结薯 3～6 个，薯块较大且整齐，匍匐茎较短，结薯集中，商品率 83%。薯形扁圆，皮色黄，薯肉黄

色，薯皮光滑，芽眼中等。

②适应地区及栽培要点。"宁薯15号"适宜在宁夏干旱、半干旱及低温阴湿区及生态条件类似地区推广种植。宁夏固原干旱区4月上旬播种，半干区4月中旬播种，阴湿区4月下旬播种，不宜迟播。采用宽窄行种植，宽行55~60厘米，窄行20~25厘米，株距40厘米，播深15厘米，并在播种沟内混合条施磷酸二铵10~15千克/亩，普通磷肥50千克/亩，尿素5~7.5千克/亩。保苗3 800~4 000株/亩。

6. 适于马铃薯炸片的品种

（1）大西洋（Atlantic）美国品种，1987年由农业部和中国农业科学院从美国引入，为炸薯片专用型品种。

①特征特性。中熟，出苗后90天收获。株形直立，叶肥大，茎粗壮，中等长势。花淡蓝紫色，花量中等，花粉孕性低，不能天然结果。块茎圆形，薯皮淡黄色、有网纹，薯肉白色，中薯率高且整齐。蒸食品质好，淀粉含量15%～18%，含还原糖0.03%~0.15%，是目前我国主要的炸片品种。植株不抗晚疫病，对花叶病毒PVX免疫，较抗卷叶病病毒和网状坏死病毒，感环腐病；不耐干旱和高温，在干旱高温条件下，块茎内部易产生褐色斑点，影响炸片品质。一般亩产1 500千克左右。适应性较广。目前，在内蒙古、黑龙江、河北、吉林、山东、福建等地均有种植。

②适应地区及栽培要点。适应性较广，目前在内蒙古、黑龙江、吉林、甘肃等一季作地区，以及山东、河南、江苏、上海等二季作地区都有栽培。该品种喜肥水，尤其结薯期不能缺水。块茎过大时易产生空心，因此，应适当密植，一般密度为4 500株/亩。

（2）双丰6号 山东省农业科学蔬菜研究所杂交育成，2005年通过山东省农作物品种审定委员会审定。

①特征特性。早熟，出苗至成熟65~70天。株形直立，分

枝性中等，株高 55～60 厘米。花白色，自交结实性强。匍匐茎短、结薯集中、块茎膨大速度快。块茎圆形，薯形整齐，浅黄皮白肉，薯皮略有网纹，芽眼浅。休眠期 90～105 天。干物质含量 22.4%，淀粉含量 17.8%，含还原糖 0.04%，适于炸片加工。植株较抗卷叶病病毒和马铃薯 Y 病毒，轻感马铃薯 X 病毒。较抗疮痂病和环腐病。一般产量 2 000 千克/亩。

②适应地区及栽培要点。适合春秋二季栽培和早春保护地栽培。一般密度为 4 500 株/亩。

（3）冀张薯 7 号　河北省高寒作物研究所杂交育成，2008 年通过河北省农作物品种审定委员会审定。

①特征特性。中熟品种，出苗后 85 天左右收获。株型半直立，株高 65～75 厘米，分枝中等；茎绿色，叶浅绿色，花冠蓝色，花量多，花期较长，天然结实性中等；块茎圆形，薯皮淡黄色有网纹，薯肉白色，芽眼浅、呈浅蓝色，结薯较集中。比重 1.1013，干物质含量 24.3%，淀粉含量 16.2%，粗蛋白质含量 2.72%，100 克鲜薯维生素 C 含量 12.0 毫克，还原糖含量 0.11%。该品种低温贮藏的糖化程度轻，回暖处理后，还原糖回降速度快，炸片品质好。植株抗马铃薯 Y 病毒、S 病毒和卷叶病毒；感马铃薯 X 病毒，对晚疫病有耐病性。

②适应地区及栽培要点。适宜北方一季作区、中原二季作区和晚疫病发生较轻的南方冬作区水肥条件好的地块种植。宜选择土壤肥沃、耕层深厚、有机质含量高的地块种植，避免重茬。种植密度一般为 4 500～5 000 株/亩。

（4）鄂马铃薯 6 号　湖北省恩施市南方马铃薯研究中心、湖北省农业科技创新中心鄂西综合实验站杂交育成，2008 年通过国家农作物品种审定委员会审定。

①特性特征。中晚熟品种，生育期 93 天。株型扩散，株高 68 厘米，茎叶绿色，复叶小，花冠紫红色，天然结实性差；结薯集中，块茎圆形，黄皮，薯肉淡黄色，芽眼浅，表皮光滑，商品

薯率73%，淀粉含量15.4%，还原糖含量极低。人工接种鉴定，植株高抗马铃薯 X 病毒和马铃薯 Y 病毒病；抗晚疫病，对青枯病有耐性。一般产量 1 700 ~ 2 000 千克/亩。

②适应地区及栽培要点。适宜在湖北、云南、贵州、四川、重庆等西南马铃薯产区种植。一般种植密度为 4 500株/亩，生育期预防晚疫病，低海拔地区，注意防治二十八星瓢虫。

7. 适于马铃薯速冻薯条的品种

（1）夏菠蒂（Shepody）　加拿大福瑞克通农业试验站育成，1987 年引入我国。为加工冷冻炸薯条的主要品种。

①特征特性。中熟品种，出苗后 100 天左右收获。株形开展，株高 60 ~ 80 厘米，主茎绿色、粗壮，分枝数多。复叶较大，叶色深绿。花冠浅紫色，花期长。块茎长椭圆形，白皮白肉，芽眼浅，表皮光滑，薯块大而整齐，结薯集中。块茎品质优良，鲜薯干物质含量19% ~ 23%，块茎淀粉含量15% ~ 17%，含还原糖0.2%，是适合炸条的加工品种。该品种感晚疫病、早疫病，易感马铃薯 X 病毒、马铃薯 Y 病毒、花叶病毒和疮痂病。一般亩产 1 500 ~ 3 000 千克。

②适应地区及栽培要点。该品种适于在北部或西北部高海拔冷凉、干旱或半干旱、有水浇条件的地区栽培。该品种不抗涝，对栽培条件要求严格，适宜种植在肥沃、疏松和排灌条件良好的壤土或沙壤土中。一般密度为 3 500 ~ 4 000株/亩。

（2）冀张薯4号　河北省张家口地区坝上农业科学研究所杂交育成。1998 年通过河北省农作物品种审定委员会审定。

①特征特性。中熟品种，出苗后 95 天左右收获。株型开展，分枝较多，株高 70 ~ 80 厘米；叶黄绿色。花冠白色，开花早而花期长，能天然结实。块茎长椭圆形，薯皮薯肉皆为白色，芽眼浅，结薯集中，块茎大而整齐。块茎干物质含量21.6%，粗蛋白质含量1.27%，还原糖含量0.18%，100 克鲜薯维生素 C 含量30.5 毫克。植株较抗晚疫病、抗马铃薯花叶病毒病，轻感卷叶病

毒病。一般产量 2 000 千克/亩。

②适应地区及栽培要点。该品种主要在河北、内蒙古等省、自治区栽培。一般密度 3 500 株/亩。

（3）赤褐布尔班克（Russet Burbank）　美国品种，由农业部种子管理局引入我国。

①特征特性。晚熟，出苗后 120 天左右收获。株型直立，株高 70 厘米左右；茎秆粗壮，有紫色素分布，叶绿色。花冠白色，花期短。块茎长椭圆形，薯皮褐色、有网纹，薯肉白色，芽眼少而浅，块茎大而整齐，结薯集中，休眠期长，耐贮藏。块茎淀粉含量 17% 以上，还原糖含量低于 0.2%，食用品质中等。该品种感晚疫病，较抗疮痂病和花叶病毒病。该品种对栽培条件要求严格，产量因栽培条件不同而波动较大，一般产量为 1 000～2 000 千克/亩。

②适应地区及栽培要点。该品种不抗旱、不抗涝，对栽培条件要求严格，适于在西北部一季作区干旱或半干旱、有良好排灌条件的地区种植。一般密度为 3 500 株/亩。

【思考与训练】

1. 马铃薯规模生产中存在哪些问题？

2. 中国马铃薯规模生产发展趋势怎样？

3. 马铃薯生长发育特性有哪些？

4. 结合当地实际谈谈目前马铃薯生产中存在哪些问题，如何解决。

5. 根据当地马铃薯生产的季节和主要用途，向群众推荐哪些品种比较合适。

模块二 现代马铃薯规模生产的耕播技术

【学习目标】

现代马铃薯规模化生产的第一步就是耕地、施肥、选择品种及种薯处理、适期播种等技术环节。通过学习，使学员学会马铃薯播前的整地与施肥，掌握种薯的切块与催芽技术以及地下害虫播前防治方法；能根据当地实际确定播期、计算播种量和采用适宜的播种方法。

一、马铃薯规模生产的整地施肥技术

（一）轮作换茬

马铃薯不耐连作，连作地白蚕（金龟子幼虫）、蝼蛄等地下害虫危害猖獗，青枯病等病菌在土壤里都能存活，而土壤是其传播的主要途径之一，故连作地病害发病率明显高于轮作地。马铃薯是一种需钾量较大的作物，连作地钾等营养元素严重缺乏，影响马铃薯块根的膨大，导致马铃薯产量下降，品质降低。马铃薯轮作换茬周期的长短因地制宜，在马铃薯病虫害防治发生较轻、施肥量较多的地区，轮作周期可以短一些，一般以3年为主；反之，则应适当延长轮作周期。

马铃薯属茄科作物，因而不能与辣椒、茄子、烟草、番茄等其他茄科作物连作，也不能与白菜、甘蓝等作物连作，因为它们与马铃薯有同源病害。马铃薯与水稻、油菜、麦类、玉米、黄豆等作物轮作比较好，既利于减少病害的发生，也利于减少杂草生长。

（二）整地与施肥

1. 整地

马铃薯要求土壤耕层深厚，有机质丰富，疏松通气。播种前采用深耕、施肥、耙耱、起垄或作畦、镇压等措施，使土壤达到良好的待播状态。垄作是马铃薯栽培的基本形式，有利于植株的生长及结薯。一般做法是前作物收获后，及时翻耕、施肥、耙地、作垄，并视土壤水分状况进行镇压。雨多和低洼易涝地区宜作高垄，干旱产区宜用宽垄。北方春旱地区可平播后起垄，即于秋季前作物收获后耕翻、耙耱，第二年春天开浅沟播种，然后中耕培土成垄。南方及中原二作区有采用畦作的。旱区多用平畦，便于灌溉；多雨地区宜用高畦，以利排水。

2. 施肥

马铃薯是高产喜肥作物，植株的生长、块茎的形成和膨大都需要大量养分，根据其生育期短，且生育前、中期需肥量大的特点，应结合整地施足基肥，氮素使用量应占全生育期所需总量的80%左右，磷、钾素全作基肥。基肥应以腐熟的堆肥为主，配合一些尿素、碳铵、过磷酸钙等化肥，增产效果更显著。基肥用量一般为每亩2 500千克左右。在基肥不足时，集中施入播种沟内。播种时沟施化肥，每亩施尿素2.5～5千克，过磷酸钙10～15千克，草木灰25～50千克，促进根系和幼苗生长。施用基肥时应拌施防治地下害虫的农药。

二、马铃薯规模生产的种薯切块与催芽技术

（一）精选种薯

种薯出窖的时间，应根据当时种薯的贮藏情况、种薯处理方

法和播期等确定。种薯出窖后，一般应挑选具有本品种特性，薯块完整，表皮光滑柔嫩，芽眼鲜明、深浅适中的幼嫩薯块作种薯使用。淘汰受冻、受伤、有病、薯皮粗糙老化、龟裂、芽眼凸起、皮色暗淡的薯块。出窖时，如块茎已经发芽，则应选择发芽少、幼芽短而粗壮的块茎作种用，剔除幼芽纤细弱小的薯块。

（二）种薯切块催芽技术

把种薯切成小块，不仅可以节约用种量，降低生产成本，而且扩大了薯块与空气的接触面，加强呼吸作用，促进生理活动，从而打破休眠，提早萌发。

1. 种薯切块

（1）切块大小　一般要求切块重量以 20～30 克为宜，每块有 1～2 个芽眼。

（2）切块方法　切块时应尽量利用顶端优势。一般 50 克左右的种薯可从顶部到尾部纵切成 2 块；70～90 克的种薯切成 3 块，方法是先从基部切下带 2 个芽眼的 1 块，剩余部分纵切为 2 块；100 克左右的种薯可纵切为 4 块，这样有利于增加带顶芽的块数。对于大薯块来说，可以从种薯的尾部开始，按芽眼排列顺序螺旋形向顶部斜切，最后将顶部一分为二。

（3）注意事项　一是在切块时应注意切块不宜过小。因块越小，所带养分、水分越少，会影响幼苗发育，而且过小的切块，其抗旱性差，播种后易出现缺苗现象。二是切到病薯时，应将其销毁，同时将切刀消毒，否则会传播病菌。其消毒方法是用火烧烤切刀，或用 75% 酒精反复擦洗切刀，或用 1% 高锰酸钾浸泡切刀 20～30 分钟后再用。

2. 种薯催芽

薯块切好后先将其平摊在温度 17～18℃、相对湿度 80%～85% 的条件下晾干伤口，需 3～4 天，使之产生木栓层，这样可避免催芽过程中烂薯。在晾切块时，不能在过于干燥的环境中进行，以免薯块失水过多。切块"晾干"后，即可催芽。常用的催芽方法如下。

（1）温室大棚内催芽 在温室靠近墙根处或塑料大棚内的走道头上（远离棚门一端），用 2~3 层砖墙砌一方池，大小视种薯数量而定。如果地面过干，应先喷洒少量水使之略显潮湿，然后再铺 1 层薯块，撒 1 层湿沙或湿锯末（注意消毒，可采用日光消毒、灼烧消毒、药物消毒等方法），这样可连铺 3~5 层薯块，最后上面盖草苫或麻袋保湿，但不能盖塑料薄膜。

（2）育苗温床催芽 可利用已有的苗床，也可现挖一个苗床。催芽方法是，先将床底铲平，然后每铺 1 层薯块撒 1 层湿沙，共铺 5 层薯块，最后在沙子上面盖 1 层草苫。苗床上担好竹竿，并用薄膜盖严，四周用土压好，晚上盖草苫保温。

（3）室内催芽 种薯数量不多时，可直接在室内催芽。可将薯块装在筐内，也可按 10~15 厘米厚将其摊在地面上，然后将筐或薯堆用湿麻袋或湿草苫盖严。

3. 催芽期间的管理

（1）湿度 催芽过程中湿度不宜过大。盖种薯的沙子或锯末应先加水拌湿，然后撒在种薯上。不能先盖干沙子再泼水，这样会有大量的水渗到种薯上，造成湿度过大。沙子的湿度以用手握不出水为宜。催芽期间，只要沙子不是很干，一般不要浇水。如果催芽期间湿度大，很容易导致幼芽茎部生根，这些根在播种前炼芽阶段会因失水而干缩或死掉，因而影响播种后新根的发生。

（2）温度 马铃薯催芽的最适温度是 15℃。气温低于 4℃ 基本上不发芽，气温高于 25℃ 时发芽快，但幼芽较弱。

（3）检查 催芽期间，应每隔 5~7 天检查 1 次发芽情况。如发现烂薯，应及时将其挑出，同时将其他薯块也都扒出来晾晒一下，然后再催芽。

（4）绿化幼芽 马铃薯适宜的播种芽长是 1.5~2 厘米。当芽长达到 1.5~2 厘米时，将带芽薯块置于室内散射光下使芽变绿。幼芽变绿后，自身水分减少，变得强壮，在播种时不易被碰断，而且播种后出苗快，幼苗壮。

三、马铃薯规模生产的地下害虫播前防治方法

马铃薯中常见的地下害有虫蝼蛄（也叫拉拉蛄、土狗子）、蛴螬（也叫地蚕）、金针虫（也叫铁丝虫）、地老虎（也叫土蚕、切根虫），这几种地下害虫虽然种类不同，但它们都在地下活动，所以防治方法大体一致。

（一）秋季深翻地深耙地

深翻地深耙地是为了破坏它们的越冬环境，冻死准备越冬的大量幼虫、蛹和成虫，减少越冬数量，减轻下年危害。

（二）清洁田园

清除田间、田埂、地头、地边和水沟边等处的杂草和杂物，并带出地外处理，以减少幼虫和虫卵数量。

（三）诱杀成虫

利用糖蜜诱杀器和黑光灯、鲜马粪堆、草把等，分别对有趋光性、趋糖蜜性、趋马粪性的成虫进行诱杀可以减少成虫产卵，降低幼虫数量。

（四）农药防治技术

使用毒土和颗粒剂，播种时每亩用1%敌百虫粉剂3～4千克，加细土10千克掺匀，或用3%呋喃丹颗粒剂1.5～2千克顺垄撒于沟内，毒杀苗期危害的地下害虫。或在中期时把上述农药撒于苗根部，毒杀害虫。灌根用40%的辛硫酸1 500～2 000倍液，在苗期灌根，每株50～100毫升。使用毒饵，小面积防治还

可以用上述农药，掺在炒熟的麦麸、玉米或糠中，做成毒饵，在晚上撒于田间。

四、马铃薯规模生产的播种技术

（一）播种时期

北方一季作区和西南山区春马铃薯当 10 厘米地温稳定通过 7~8℃时即可播种。也可根据晚霜来临的时间而定，一般在晚霜来临前 30 天是适合的播种期。中原二季作区范围广阔，春季播种时期同样要根据 10 厘米地温稳定通过 7~8℃时方可播种。采取覆盖栽培，则可提早播种。二季作区秋马铃薯播种时期，既要尽可能避开高温季节，又要力争在早霜前成熟，可根据当地早霜时间和品种生育期确定，也可掌握在日平均气温 25℃左右时播种。一天内的播种时间，晴天最好安排在 10 时前和 16 时后，以避免高温下种薯呼吸作用过盛，造成黑心而腐烂；阴天则可整日播种。播种时边开沟播种，边覆土。不能将种薯长时间暴露在烈日下。我国北方春薯的适宜播期在 3 月上旬至 4 月下旬，南部早，北部晚。

（二）播种量和播种深度

1. 马铃薯播种量的计算

根据播种面积，确定的密度和预计切块的大小（重量）计算种薯的需要量，其应用公式为：

种薯需要量（千克）＝切块重量（千克）×每亩株数×计划播种面积（亩）

2. 马铃薯播种面积的确定

在生产中时常遇到下述情况，即打算把现有的种薯全部播种，必须事先计算出究竟应该安排多少播种面积才能不致过剩或不足，则可应用下式计算出所需面积：

所需栽培面积（亩）＝单株营养面积（平方米）×1千克种薯的计划切块数×种薯的总量（千克）×0.0015

3. 马铃薯播种深度

播种深度及覆土深度，要根据土壤质地和墒情而定。土壤疏松、春旱严重的地区，可适当深播为 10～12 厘米，土壤黏重潮湿地区应浅播为 6～8 厘米；山区旱地大都采用深播浅盖，两次封沟的方法，增产效果显著。

（三）播种方法

1. 垄作

在寒冷地区，土壤黏重或低洼易涝地块多采用垄作。在深耕耙糖平整的地上，按规定的行距，用犁或机械开沟，沟深 10 厘米左右，再将种薯等距播在沟内，随后将粪肥均匀施入沟内并盖在种薯上，再覆土 6 厘米左右，齐苗至开花时间，分 2～3 次培土成垄。

2. 平作

在马铃薯生育期间，气温较高、降雨少而又无灌溉条件的地区，多采用平作。一般采用深开沟浅覆土的方法。即用犁开沟 13 厘米，覆土 7.5 厘米，出苗至开花前培土填沟。深播能减轻春旱影响，浅覆土可提高地温，利于早出苗，出苗后分次培土，可增加地下茎节数，多结薯。

3. 机播法

平整好的土地上，播前把播种机按株行距调节好，种薯一是要切块大小均匀，二是采用小整薯，开沟、点种、覆土一次完成。

4. 芽栽

利用块茎所萌发出来的柔嫩幼芽进行繁殖的一种方法。优点是节约种薯，提早成熟，减轻病虫害。其关键是催芽育壮芽。育壮芽的主要条件是黑暗和温度。温度是影响嫩芽伸长速度的重要因素，以 13℃左右为宜。一般在栽插前约 2 个月催芽，芽长应在 15 ~ 20 厘米，不宜太短。栽插前选芽应注意淘汰弱芽，切勿折断或碰伤顶芽。

芽栽方法有平栽和斜栽两种。平栽产量高，能较好地抗旱抗寒，但出苗较慢，宜在温度变化不大、保水性差的沙壤土上采用。方法是，开沟后将芽条平摆在沟底，然后施肥覆土。在斜坡温暖地块，土壤黏重的土壤上，可斜栽在沟内，即沿沟边倾斜放置芽条。芽栽法因芽条贮藏养分少，必须注意追肥和勤浇水。

【思考与训练】

1. 马铃薯轮作有什么好处、规模生产中可与哪些作物轮作？

2. 马铃薯常见的地下害虫有哪些？播前可采取哪些措施进行防治？

3. 如何确定马铃薯的播期和播种量？

4. 结合生产实际谈谈你对马铃薯切块催芽技术的认识。

5. 当地马铃薯生产中主要的播种方法是什么？分析其优缺点并提出建议。

模块三　现代马铃薯规模生产发芽期及幼苗期田间管理

【学习目标】

熟悉马铃薯发芽期和幼苗期的生长特点及对环境条件的要求，知道如何保全苗、促壮苗，做到及时查苗和防治地下害虫。

一、马铃薯发芽期生长特点及田间管理技术

马铃薯从播种（或芽块开始萌发）到幼苗出土为发芽期，也叫芽条生长期。根据地温高低出苗快慢不同，历时 10~40 天；一般一季作区和二季作区早春播种由于地温较低，需 25~40 天；二季作区夏、秋播气温较高，10~15 天就可以出苗。

（一）马铃薯发芽期生长特点

发芽期主要是进行主茎第一段的生长。发芽期生长的中心在芽的伸长、发根和形成匍匐茎，此期需要的营养和水分主要靠种薯，按茎叶和根的顺序供给。

（二）马铃薯发芽期对环境条件的需求

马铃薯幼芽或芽条生长是否健壮、根系是否发达以及出苗快慢，取决于种薯和发芽需要的环境条件。种薯质量是内因，选用优良品种，并且是早代脱毒种薯，生命力强，就可以保证苗齐、苗全、苗壮，特别是使用小整薯播种，借助顶芽优势，效果更好；土壤温度、含水量、营养供应、空气等是外因，如果地温在

10～12℃，湿度在土壤最大持水量 60% 左右（含水量 16% 左右），通气良好，营养充足，发芽期就短，幼芽或芽条就能健壮而且出苗早。营养方面主要是吸收速效磷，速效磷有促进发芽出苗的作用。

（三）马铃薯发芽期田间管理技术

马铃薯发芽期的田间管理的任务是保全苗。主要从以下两个方面进行管理。

1. 松土灭杂草

春薯播种后地温尚低，需经 20～30 天才能出苗，应及时松土、消灭杂草。

2. 培土保全苗

马铃薯田块大部分为沙壤土，保水性不太好，土壤水分蒸发快，出苗后易受旱灾影响。对这类苗，出苗期要及时进行浅中耕培土，加厚覆盖土层，切断土壤毛细管，减缓水分蒸发速度，延长幼苗存活时间，尽力保全苗。覆土时间应在 30% 幼芽顶土时为宜。

二、马铃薯幼苗期生长特点及田间管理技术

马铃薯从出苗到植株现蕾为止为幼苗期，历时 15～25 天，早熟品种天数少一些，晚熟品种天数多一些，见下图。

（一）马铃薯幼苗期生长特点

发芽期主要是以茎叶生长和根系发育为重点，匍匐茎开始形成伸长，同时进行花芽和部分茎叶的分化。此时幼苗生长需要的水分和营养物质大量的靠自己从外界吸收，同时种薯内还有少量营养补给植株。此期叶片生长快，一般出苗 5～6 天就有 4～6 片叶展开。根系继续向纵深发展，须根的分枝开始发生，吸收水分和营养物质的能力逐步增强。匍匐茎在出苗后不久就有发生。当

地上主茎出现 7~13 个叶片时，主茎生长点上开始孕育花蕾，匍匐茎顶端停止伸长，将开始膨大形成块茎，此时说明幼苗期就要结束，块茎形成期即发棵期即将开始。

（二）马铃薯幼苗期对环境条件的需求

幼苗期虽然生长发育较快，但对水肥的需求只占全生育期需水肥量的 15% 左右。需水肥量不大，但特别敏感，除了要有足够的氮肥外，还要有适宜的土壤温度和良好的透气条件。如果缺氮素，茎叶生长就会受到影响，缺磷和缺水会直接影响根系的发育和匍匐茎的形成，所以，要特别注意早浇水、早追肥，采取措施提温保墒，增加土壤通透能力，促进壮苗的形成。此阶段气温应在 15℃ 以上，土壤田间持水量保持在 60%~70%，含水量 16%~17%，有利于根系的发育和光和效率的提高。

（三）马铃薯幼苗期田间管理技术

幼苗期田间管理的首要任务促下带上，培育壮苗。重点是疏松土壤，提高地温，促进根系发育。主要措施是及早中耕除草，深松土、浅培育，防治地下害虫。另外，可根据栽培条件和幼苗长相酌情追施速效化肥，用量占施肥总量的 6%~8%。

1. 及时施肥促壮苗

对于墒情较好的田块，出苗后亩追施尿素 10 千克左右，迅速提苗，保壮苗。施肥方法是撒施于苗间，然后中耕培土。

2. 叶面喷施抗蒸腾剂

马铃薯叶片充分展开后，可使用抗蒸腾剂进行叶面喷施。抗蒸腾剂能在叶表面形成一层保护膜，减缓水分蒸发。抗蒸腾剂可选用亚硫酸氢钠、腐殖酸、氯化钙、黄腐酸（FA）、三唑酮、冠醚等，按产品说明书使用。

3. 查苗补种

田间缺苗超过 30% 以上的田块，可点种早熟玉米、芸豆等作

图 马铃薯幼苗期壮苗

物，通过局部间作套种，提高田块利用效率，减少损失，增加收益。如出苗后恰遇有效降雨，也可在雨天从马铃薯正常植株基部掰下侧枝扦插，以减少缺苗。

4. 地下害虫防治

马铃薯播种后和苗齐易遭受地下害虫危害，造成烂种或缺苗，因此，要制订防治地下害虫的预案。地下害虫主要是地老虎，对 3 龄以下的地老虎可喷施 800 倍液 40% 的辛硫磷或 2 000 倍 2.5% 溴氰菊酯乳油。

【思考与训练】

1. 马铃薯发芽期和幼苗期生长发育特点有什么不同？
2. 简述马铃薯发芽期和幼苗期田间管理技术要点。
3. 结合当地生产实际，谈谈怎样保证马铃薯全苗、促进壮苗。

模块四 现代马铃薯规模生产结薯期田间管理

【学习目标】

熟悉马铃薯块茎形成期、块茎膨大期和干物质积累期的生长特点及对环境条件的要求，知道如何中耕培土、除草，根据苗情合理追肥、排灌，会通过摘花摘蕾等措施协调地上茎叶和地下块茎都能充分生长。

马铃薯结薯期是从现蕾开始至茎叶开始衰老为止，包括块茎形成期、块茎膨大期和干物质积累期三个生育时期，历时 50～75 天。此期是决定结薯数量和薯块重量的关键时期。

一、马铃薯块茎形成期生长特点及田间管理技术

块茎形成期也叫发棵期。从现蕾开始至开花为止。早熟品种到第一花序开花，晚熟品种到第二花序盛开时，历时 20～30 天。

（一）马铃薯块茎形成期生长特点

块茎形成期的生长特点是，从地上茎叶生长为重点转向以地上茎叶生长和地下块茎形成同时进行。地上茎的主茎节间迅速伸长，植株高度达到最终高度的一半，主茎及叶片全部长成，分枝（侧枝）和分枝叶片相继扩展，整个叶面积达到最大叶面积的 50%～80%，单株形成下小上大、平顶的杯状，主茎顶部花蕾凸显。同时，根系扩大，匍匐茎尖端彭大成直径 3 厘米左右的小块茎。

（二） 马铃薯块茎形成期对环境条件的需求

块茎形成期既有地上茎叶的生长，又有地下块根的形成，此期是决定结薯多少的关键时期。此期植株对养分、水分的需求量还是比较大的，如果土壤中营养、水分充足，就能促使其迅速旺盛生长。同时，块茎形成对温度、湿度要求都很严，地温 16～18℃对块茎形成和增长最有利。田间最大持水量保持在 70%～80% 最好。

（三） 马铃薯块茎形成期田间管理技术

块茎形成期的栽培管理是以促为主，促地上带地下，要求地上部茎秆粗壮，枝多叶绿，长势茁壮，地下部多结薯。

1. 中耕培土

现蕾期进行最后一次中耕，起到疏松土壤、消灭杂草、提高地温的作用。此次深度宜浅，以防损伤匍匐茎，并结合培土，此次培土厚度 3～5 厘米，在封垄前把土培完，为结薯创造深厚疏松土层。

2. 适时追肥浇水

块茎形成期是地上部茎叶生长最旺盛时期，根系伸展也日益深广，叶面积迅速增加，蒸腾量也急剧加大，因此，该期植株需要充足的水分和养分供给，这一时期的耗水量约占整个生育期耗水量的 30%。前期土壤含水量应保持在最大含水量的 70%～80%，如果水分不足，则茎叶生长缓慢，块茎形成数明显减少，影响产量；后期应该将土壤含水量降至田间最大含水量 60%，其目的是适当控制茎叶生长，以利于适时进入结薯期。此时期追肥以氮肥为主，每亩施入 15～20 千克尿素或碳酸氢铵 40～50 千克，追肥后浇水。

3. 巧施有机肥和微肥

当见到花蕾时，每亩可施草木灰 100 千克或硫酸钾 20 千克，这样可防止秧子早衰。在土豆发棵期、现蕾期，在叶面喷施0.2% ~0.3%的磷酸二氢钾溶液，再配合硼、锰、铜、锌、铁、硒等微肥，微量元素浓度掌握在0.05% ~0.2%，气温越高、浓度越低，反之则浓度可稍高些。晴天应该在9时以前或16时后进行，可防止叶片黄化，从而提高产量，改善品质。

4. 摘花摘蕾

为协调地上茎叶和地下块茎都能充分生长，保证块茎产量，当地上茎叶生长速度过快，就会大量消耗营养，造成地上徒长，从而影响地下茎的膨大。此时，可进行摘花摘蕾，以调节养分的分配；或者喷100毫克/千克的矮壮素或20毫克/千克的多效唑，促进植株矮壮多薯。

二、马铃薯块茎膨大期和干物质积累期 生长特点及田间管理技术

马铃薯块茎膨大期和干物质积累期在栽培管理上可统称为结薯期，从开花开始至收花、茎叶枯萎为止，历时30 ~45天；按马铃薯生长状态看，从茎叶和块茎干物质重量平衡到茎叶和块茎鲜重平衡为止为块茎膨大期，此后进入干物质积累期。

（一）马铃薯块茎膨大期生长特点

结薯期是从以地上茎叶生长为主转入以地下块茎生长为主，直至茎叶停止生长的阶段。在膨大期块茎和茎叶生长都很迅速，茎叶的鲜重和叶面积都达到一生中最大值，之后，茎叶停止生长并逐步衰老，开始进行干物质积累，继续增长个头和重量。块茎产量的80%左右是在此期形成的。

（二）马铃薯块茎膨大期对环境条件的需求

外界环境条件对马铃薯结薯期的影响至关重要。本期是马铃

薯一生中需肥、需水最多的时期，吸收的钾肥比发棵期多1.5倍，氮肥比发棵期多1倍，达到一生中吸收肥水的高峰。充分满足这一时期马铃薯对肥、水的需求，是获得块茎产量丰收的关键。此期对温度的要求也很高。最适合的气温是18～21℃，而且要求昼夜温差应在10℃以上。夜温低最有利于光合作用制造的营养向块茎疏送；水分更为重要，块茎增长对水特别敏感，此期土壤水分即田间最大持水量始终应保持在80%～85%。如果供水不均匀和温度剧烈变化会影响块茎正常生长，出现畸形，造成产量低、品质差的问题。另外，块茎增长要求土壤有丰富的有机质，并且微酸性和良好的透气状况，而土壤透气非常重要，有足够的氧气才有利于细胞的分类和伸展。

（三）马铃薯块茎膨大期田间管理技术

马铃薯结薯期田间管理的重点是促进地下部生长、促进结薯，控制地上部生长，促控结合，并防病保叶，延长茎叶的生长，保证有强盛的光合产物向茎块转运和积累，延长结薯期，见下图。

1. 中耕除草

随着马铃薯的生长，田间杂草也迅速生长，与马铃薯争夺田间营养，特别是没有覆膜的田块，这一现象表现的尤为突出。

马铃薯的田间杂草主要有田旋花、灰条、苦苣、刺儿菜及禾本科杂草，可采用人工拔除。必要时可用杜邦宝成25%干悬浮剂进行防治，每亩用25%的杜邦宝成干悬浮剂5～7.5克对水30～40千克，同时加入0.2%的中性洗衣粉或洗洁精，进行田间茎叶喷雾施药，对防除一年生禾本科杂草及阔叶杂草十分有效。

2. 追肥松土

马铃薯是一种需肥较多的作物，特别是需钾较多，氮：磷：钾的比例为4：8：12，要通过测土进行配方施肥。在旱作区，要结合松土，培土起垄，免耕栽培的要及时松土，增加土壤通透

图　马铃薯块茎膨大期

性；在松土时可以同时亩施优质农家肥1 000千克或亩施复合肥20千克、钾肥10千克或草木灰150千克。现蕾开花期视其生长情况再进行第二次追肥。生长后期亩用0.3%磷酸二氢钾溶液60～75千克，进行根外追肥。

3. 合理灌水、抗旱

有灌溉条件的地区，要在马铃薯开花期、块茎膨大期灌水3～4次，一般每5～7天一水，维持土壤湿润。注意顺垄灌水，防止大水漫灌，做到灌水不漫垄，在整个生长期土壤含水量应保持在60%～80%。为了保证马铃薯稳产高产，要对干旱导致萎蔫的地块，采用人工挑水灌苗，或用积雨窖水浇灌，以缓和旱情。

在雨水较多的地区或季节，及时排水，田间不能有积水。结薯后期减少供水，土壤见干见湿，以减少块茎含水量，便于贮藏。封垄后尽量减少田间作业，避免碰伤茎叶。

4. 叶面喷肥、化学调控

适时观察，花前有无徒长现象，如有徒长，可喷施多效唑500毫克/升等进行调控，在块茎膨大期叶面喷土豆膨大素，有利于块茎的膨大，增加产量。

三、马铃薯结薯期常见病虫害防治方法

各地病害发生的时期、种类有一定差异，但主要病害基本一致。马铃薯结薯期期常发生的病害有早疫病、晚疫病、叶枯病、炭疽病、疮痂病、黑胫病、青枯病、早死病、病毒病等，常发生的虫害有美洲斑潜蝇等，应加强防治。

（一）病害防治技术

1. 防治早疫病、炭疽病、叶枯病等

可采用下列杀菌剂或配方进行防治：50%乙烯菌核利可湿性粉剂600~800倍液+70%代森锰锌可湿性粉剂600~800倍液，或用20%唑菌胺酯水分散粒剂1 000~1 500倍液+70%代森联干悬浮剂800倍液，或用10%苯醚甲环唑水分散粒剂1 000~1 500倍液+75%百菌清可湿性粉剂600~800倍液，或用50%腐霉利可湿性粉剂1 000~1 500倍液+70%代森锰锌可湿性粉剂600~800倍液，或用50%异菌脲可湿性粉剂1 000~1 500倍液，或用50%福美双·异菌脲可湿性粉剂800~1 000倍液对水喷雾，视病情隔7~10天喷1次。

2. 防治晚疫病等

可采用下列杀菌剂或配方进行防治：72.2%霜霉威盐酸盐水剂800倍液+10%氰霜唑悬浮剂2 000~2 500倍液，或用25%双炔酰菌胺悬浮剂1 000~1 500倍液，或用60%氟吗·锰锌可湿性粉剂1 000~1 500倍液，或用25%吡唑醚菌酯乳油1 500~2 000倍液，或用69%锰锌·烯酰可湿性粉剂1 000~1 500倍液，或用66.8%丙森·异丙菌胺可湿性粉剂600~800倍液，或用70%呋酰·锰锌可湿性粉剂600~1 000倍液对水均匀喷雾，视病情5~7天喷1次。

3. 防治黑胫病、环腐病等

可采用下列杀菌剂或配方进行防治：72%农用硫酸链霉素可溶性粉剂3 000～4 000倍液，或用77%氢氧化铜可湿性粉剂600～800倍液，或用86.2%氧化亚铜可湿性粉剂2 000～2 500倍液，或用47%氢氧化铜可湿性粉剂600～800倍液，或用12%松脂酸铜乳油600～800倍液，或用25%络氨铜水剂400～600倍液，或用45%代森铵水剂200～400倍液灌根，视病情5～7天灌1次。

4. 防治青枯病、软腐病等

可采用下列杀菌剂进行防治：72%农用硫酸链霉素可溶性粉剂3 000～4 000倍液，或用88%水合霉素可溶性粉剂1 500～2 000倍液，或用20%叶枯唑可湿性粉剂600～800倍液，或用3%中生菌素可湿性粉剂600～800倍液灌根，每株灌药液0.3～0.5升，视病情隔5～7天灌1次。

5. 防治病毒病、小叶病

可采用下列药剂进行防治：2%宁南霉素水剂200～400倍液，或用4%嘧肽霉素水剂200～300倍液，或用25%琥铜·吗啉胍可湿性粉剂600～800倍液，或用3.85%三氮唑·铜·锌水乳剂500～800倍液，或用1.5%硫铜·烷基·烷醇水乳剂1 000倍液，或用3.95%三氮唑核苷·铜·烷醇·锌水剂500～800倍液，或用25%吗胍·硫酸锌可溶性粉剂500～700倍液对水喷雾，视病情隔5～7天灌1次。

6. 防治枯萎病、黄萎病等

可采用下列杀菌剂或配方进行防治：5%丙烯酸·恶霉·甲霜水剂800～1 000倍液，或用5%水杨菌胺可湿性粉剂300～500倍液，或用3%恶霉·甲霜水剂500倍液或80%多·福·福锌可湿性粉剂700倍液，或用70%恶霉灵可湿性粉剂2 000倍液，或用54.5%恶霉·福可湿性粉剂700倍液，或用30%福·嘧霉可湿性粉剂800倍液灌根，每株灌药液300～500毫升，视病情隔5～

7 天灌 1 次。

(二) 虫害防治技术

1. 防治茄二十八星瓢虫、马铃薯甲虫等

可采用下列杀虫剂进行防治：2.5%溴氰菊酯乳油 1 500 ～ 2 500倍液，或用 20% 甲氰菊酯乳油 1 000 ～ 2 000 倍液，或用 1.7%阿维·高氯氟氰可溶性液剂 2 000 ～ 3 000倍液对水喷雾，视病情隔 7 ～ 10 天喷 1 次。

2. 防治美洲斑潜蝇、蚜虫等

可采用下列杀虫剂或配方进行防治：0.5% 甲氨基阿维菌素苯甲酸盐微乳剂 3 000倍液 + 4.5% 高效氯氰菊酯乳油 2 000倍液，或用 240 克/升螺虫乙酯悬浮剂 4 000 ～ 5 000倍液 + 50% 灭蝇胺可湿性粉剂 2 000 ～ 3 000倍液，或用 10% 氟啶虫酰胺水分散粒剂 3 000 ～ 4 000倍液 + 20% 甲氰菊酯乳油 2 000 ～ 3 000倍液，或用 5%阿维·高氯可湿性粉剂 2 000 ～ 3 000倍液，或用4%氯氰·烟碱水乳剂 2 000 ～ 3 000倍液对水喷雾，因其世代重叠，要连续防治，视虫情隔 7 ～ 10 天喷 1 次。

【思考与训练】

1. 马铃薯块茎形成期和块茎膨大期生长发育特点有什么不同？

2. 简述马铃薯块茎形成期田间管理技术要点。

3. 简述马铃薯结薯期田间管理技术要点。

4. 如何协调马铃薯地上茎叶的生长和地下块根的形成？

5. 结合当地生产实际，谈谈马铃薯结薯期有哪些病虫害发生，如何防治。

模块五　现代马铃薯规模生产收获与贮藏技术

【学习目标】

能根据种植目的确定马铃薯适宜的收获期；准备好收获工具，提前杀秧；收获后注意摊晾，会按照用途进行安全贮藏，并做好马铃薯贮藏中的病害防治工作。

一、马铃薯收获技术

（一）收获时期

马铃薯生产是以获得高产、优质的块茎为主要目的，其植株达到生理成熟期即为适宜收获期。生理成熟的标志是：植株大部分茎叶转黄并逐渐枯萎，块茎停止增重而与匍匐茎脱离，块茎表皮形成较厚的木栓层，干物质含量达最高限度，即可收获。因用途及生长季节不同，马铃薯适宜收获期也不完全一致。如果作食用或长期贮藏的商品薯及加工用原料，应在生理成熟期收获最好。如果作早熟蔬菜栽培，为了早上市，则按商品成熟期收获。商品成熟度依各地市场习惯而定，一般块茎直径大于5厘米；如马铃薯与其他农作物复种，应及时收获腾茬，以利后茬农作物适期播种。如果马铃薯生育后期多雨的地区，也需早收，以防烂熟。

（二）收获前准备

要根据需要准备充足苫布及收获工具，防止降雨。一般用犁或人工挖薯，有条件的用收获机收获。在收获前 20 天把所有的收获工具或机械检修完毕达到作业状态。收获过程中密切关注天气变化情况，做好防雨防冻准备工作，见下图。

图　人工挖薯

（三）收获要求

1. 收获时的技术要求

有条件的地方可在收获前 5～7 天用杀秧机进行杀秧。杀秧时杀秧机调到打下垄表土 2～3 厘米，以不伤马铃薯块茎为原则，尽量放低，把地表面的秧和表土层打碎，有利于收获。

收获时应选晴天土壤适当干燥时进行。收获时尽量减少损失薯块，并避免薯块在烈日下暴晒，以防芽眼老化和形成龙葵素，降低种用和食用品质。夏、秋薯收获时，也要防止霜冻。

2. 收获后的技术要求

刚收获的马铃薯块茎还未充分成熟，各薯块间的生理年龄不完全相同，需要 15～30 天的时间才能达到成熟，称为后熟期。这一阶段块茎的呼吸强度由强逐渐变弱，表皮也木栓化，块茎内含水量在这一期间迅速下降（大约下降5%），同时释放大量的热量。因此，刚收获的马铃薯要在阴凉通风干燥处堆放 2～3 周，使皮层硬化，再精细挑选分级，剔除小薯、病薯和烂薯，装袋堆放。注意摊晾期间要用草苫遮盖，避免块茎受光线照射使表皮变绿，薯块变绿后龙葵素升高，影响品质。长期见光的块茎绿的部分龙葵素含量达 25～28 毫克/100 克，人畜食用后可引起中毒，轻者恶心呕吐，重者有生命危险。

二、马铃薯贮藏技术

随着我国马铃薯加工企业数量、产品结构和加工能力的不断提升，对马铃薯的贮藏也提出了更高的要求。目前我国的马铃薯贮藏主要以产地农户贮藏为主，贮藏技术普遍较为落后，每年至少有 410 万吨马铃薯因贮藏不当而损失。

科学的贮藏可以调节鲜薯的供应期，延长加工原料薯的加工利用时间，实现增值；还可以调整马铃薯种薯的生理特性，提高马铃薯种薯的播种质量。在贮藏期间如能选择较好的贮藏条件和贮藏方式，通过温度、湿度、通风等环节的有效控制，延长马铃薯的保鲜贮藏期，对于减少马铃薯贮藏损失具有十分重要的意义。

（一）马铃薯的贮藏特性

马铃薯可食部分为其块茎，在收获以后仍然是一个活体，新陈代谢继续进行，因此马铃薯贮藏就是要尽可能减少其有机物消耗和淀粉转化。贮藏过程通常分为 3 个阶段：贮藏早期、中期和晚期。在贮藏早期，薯块表皮尚未完全木栓化，薯块呼吸作用和新陈代谢快，水分蒸发活跃，需经过 20～30 天的后熟，此期是在阴凉通风干燥处堆放；后熟结束，马铃薯块茎进入贮藏中期，此时薯块积累了大量营养物质，新陈代谢明显降低，这种相对静止的状态被称为休眠。在适宜的低温条件下，薯块的休眠期一般可达 2～4 个月；休眠期结束后，遇到适宜条件，芽眼就会萌发，此时进入贮藏晚期，马铃薯的呼吸作用又开始逐渐旺盛，产生的热量使贮藏温度升高，促进薯块发芽，并将淀粉逐渐转化为糖，这一时期马铃薯质量的减轻程度与萌发程度成正比。

（二）马铃薯的贮藏效果的影响因素

马铃薯贮藏效果的影响因素包括内部因素因和外界环境条件。内部因素主要是指马铃薯品种自身的抗病性和耐贮性；外界环境条件包括贮藏期间的温湿度、气体成分、光照条件以及机械伤、病虫害等。其中外界因素是影响贮藏效果的关键因素，对贮藏效果影响较大。

1. 温度

马铃薯贮藏期间的温度调节最为关键，因为贮藏温度是影响块茎贮藏寿命的主要因素之一。贮藏温度高，薯块代谢旺盛，呼吸作用迅速，水分易损失，衰老加快，马铃薯块茎的休眠期也会缩短；贮藏温度低，薯块代谢缓慢，水分损失少，但当温度较低在 0～1℃ 时，薯块也容易感染干烧病、薯皮斑点病等真菌病，造成贮藏损失。

一般来说，贮藏目的不同，贮藏温度会有所不同。研究表明，鲜食用马铃薯块茎贮藏温度以 1～3℃ 为最佳，最高不宜超过 7℃；而薯片加工原料薯贮藏温度以 7～8℃ 为宜，薯块呼吸减弱，皮孔关闭，病害不发展，重量损失最小，块茎不发芽。

2. 湿度

环境湿度是影响马铃薯贮藏的又一重要因素。保持贮藏环境适宜的湿度，有利于保持贮藏块茎新鲜的外观品质、延长贮藏期。但是贮藏库内湿度过高，块茎易被微生物侵染，造成块茎腐烂；湿度过低，会引起马铃薯块茎表皮皱缩，影响外观品质。研究表明，当贮藏温度 4～5℃时，空气相对湿度最好控制为 85%～90%，空气相对湿度变化的安全范围是 80%～93%。在这样的湿度范围内，块茎失水不多，不会造成萎蔫，同时也不会因湿度过大而造成块茎腐烂。

3. 通风

马铃薯块茎的贮藏窖内，需要有流通的清洁空气，以减少窖内的二氧化碳。如果通风不良，窖内积聚太多的二氧化碳，会妨碍块茎的正常呼吸。薯块长期贮藏在二氧化碳较多的窖内，呼吸受到抑制，就会增加黑心率，导致薯块商品性下降，甚至烂薯。通风不但可以调节贮藏窖内的温度和湿度，避免因窖内局部温度过高湿度过大导致的块茎腐烂，还可以调节窖内的二氧化碳浓度，使得贮藏薯块保持在最佳的贮藏条件之中。

（三）马铃薯的主要贮藏方法和技术

1. 不同地区马铃薯的贮藏方法

中国马铃薯在不同的种植区域所用的贮藏方法也不同。在北方地区，马铃薯主要采用地下式或半地下式窖藏；在南方地区，主要采用堆贮、地窖贮藏、防空洞贮藏及冷库贮藏；在西南地区，高海拔地区采用地下室或地窖贮藏，低海拔地区与南方贮藏方式相同。这些方法的优点是因地制宜，最大程度的利用了当地的自然条件。但是，无论是北方地区传统的窖藏，还是在南方的堆贮，均以农户分散储藏为主。由于萌芽、失水、腐烂、见光变绿等原因，一般年损失率 15%～35%，严重者达 50%。

2. 现代马铃薯规模化生产的主要贮藏方法和技术

目前，较为先进的马铃薯贮藏方法为冷库贮藏和气调库贮藏。气调库贮藏是在冷藏的基础上进一步调节贮藏库里的氧气和二氧化碳的气体浓度，要求要有与之配套的设备，因此气调库的

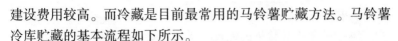

建设费用较高。而冷藏是目前最常用的马铃薯贮藏方法。马铃薯冷库贮藏的基本流程如下所示。

（1）贮藏库消毒　将旧土窖的窖壁铲一层土，再用40%福尔马林50倍液、1%高锰酸钾均匀喷洒窖壁四周或每立方米用硫黄粉15克发烟熏蒸24小时或每立方米用高锰酸钾7克、40%福尔马林10毫升熏蒸。

（2）预贮　将新收获的块茎放在通风良好、温度15～20℃的库房中，经过15～20天的预贮，促进表皮的木栓化。

（3）冷库贮藏　完成预贮的马铃薯块茎经过挑选后可以散堆或装箱、装袋贮藏于冷库中，贮藏过程中注意通风散热，贮藏量为冷库容积的60%～65%。

3. 不同用途的马铃薯冷藏条件

（1）原料薯的预处理　首先要分类贮藏，将马铃薯按不同的用途分别贮藏管理，以达到不同的贮藏要求。做到分品种、分级别、分用途单室贮藏。具体做法就是将新收获的马铃薯，去掉机械损伤薯、腐烂薯、幼小薯、病薯及其他杂质后，最好在10～15℃自然散堆放置7～15天，使其表皮干木栓化，以保证入库前马铃薯的质量。

（2）加工用原料薯的贮藏　薯条、薯片及薯泥等西式马铃薯加工产品在中国越来越受到欢迎，随之发展的是马铃薯加工产业。为了保证加工原料的供应，马铃薯原料的贮藏显得越来越重要。油炸薯片、速冻薯条的原料马铃薯若贮藏在4℃低温下，块茎的淀粉通过酶的作用，大量转化成糖，使加工薯片、薯条的颜色变深，影响食用风味和外观品质。研究表明，加工油炸薯条的原料薯短期贮藏温度要求10～15℃，长期贮藏温度以7～8℃为宜。

（3）鲜食用马铃薯的贮藏　鲜食马铃薯要保证好的外观和口感，因此鲜食马铃薯主要是抑制发芽和防止薯皮变绿。研究表明，商品马铃薯适宜于贮藏在温度3～5℃、相对湿度为85%的阴暗环境中。

（4）种薯用马铃薯的贮藏　研究表明，种薯窖温以 1～5℃ 为宜。种薯一般用木箱贮藏，不同品种的种薯或同一品种不同级别的种薯需要分开贮藏。另外，在贮藏期间适当通风露光，提高温度，促进皮层产叶绿素，芽眼部分积累茄碱，有利嫩芽生长，幼苗健壮。

（四）马铃薯贮藏中的病害防治技术

马铃薯贮藏中会发生多种病害，不仅影响其外观，还会造成经济损失，因此贮藏时要做好其病害防治工作。不同地区、不同品种马铃薯贮藏过程中病害发生不尽相同，但主要有细菌性病害环腐病、软腐病和真菌性病害晚疫病、湿腐病、干腐病等。可从以下几个方面预防和防治。

1. 收获前的预防

首先尽量选用脱毒、抗病种薯，保证马铃薯品质；其次，注意及时防治马铃薯田间晚疫病。

2. 收获及贮藏中的预防

收获前田间注意排水，选择晴天收获；收获的块茎应充分晾晒后再入窖；入库前对库体进行彻底消毒；收获入窖时一切操作要防止碰伤；窖内要保持干燥通风和低温（2～5℃）；夏季贮藏要选择通风阴晾处。

田世龙（2009）归纳的马铃薯贮藏技术要点口诀对农户有较好参考价值，具体内容如下。

薯块适采选晴天，地里直接晾半天。

预贮浅埋或堆放，堆放须在遮阳房。

通风防雨还遮阳，十天时间就很长。

薯块贮前要精选，分级贮藏是首选。

薯块带土清理掉，烂残伤薯都不要。

散堆袋装均很好，贮量六成不宜超。

袋装码放要科学，便于通风和运倒。

商品薯藏时间长，抑芽处理可帮忙。

窖内清理一月前，注水保湿三周前。

消毒选择硫黄熏，或者福尔马林喷。

贮藏管理要做好，经常通风有必要。

相对湿度是八五，最佳温度一到八。

贮期设施有大小，控制温度要做到。

通风设施要科学，现代恒温库藏好。

【思考与训练】

1. 菜用马铃薯和长期贮藏的商品薯及加工用原料薯收获时期有什么不同？

2. 马铃薯收获时注意事项有哪些？

3. 马铃薯有哪些贮藏特性？影响马铃薯贮藏效果的因素有哪些？如何调控？

4. 现代马铃薯规模化生产的主要贮藏方法和技术是什么？

5. 结合当地生产实际，谈谈不同用途的马铃薯怎样科学贮藏。

6. 当地马铃薯主要菜用什么方式贮藏？有哪些主要病害？怎样防治？

模块六 现代马铃薯规模生产病虫害防治技术

【学习目标】

知道马铃薯主要的病害、虫害的发生特点，能根据危害症状正确识别，生产中会采用一定的方法进行防治。

马铃薯在生长发育期和块茎贮藏期，会遭到多种病虫危害。病虫害的发生与流行，不仅危害植株茎叶，影响块茎生长，降低产量，而且还会直接侵染块茎，降低质量和商品薯率。20世纪90年代以来，我国铃薯种植面积迅速扩大，已成为多个地区农业的主导产业。随着马铃薯产业不断发展，马铃薯病虫害也逐年加重，已成为限制马铃薯高产优质的主要因素之一。针对生产中存在的问题，根据多年生产总结出降低马铃薯病虫害的技术，防治方法必须采用农业、物理、生物、化学防治等技术进行综合防治。

一、现代马铃薯规模生产主要病害及其综合防治

马铃薯发生的病害有花叶病毒病、卷叶病毒病、早疫病、晚疫病、黑痣病、炭疽病、叶枯病、环腐病、黑胫病、疮痂病、紫顶萎蔫病和枯萎病等多种。其中，病毒型病害主要有花叶病毒病、卷叶病毒病、紫顶萎蔫病；真菌型病害有早疫病、晚疫病、黑痣病、炭疽病、叶枯病、枯萎病等；细菌型病害有环腐病、黑胫病、疮痂病等。

（一）马铃薯病毒病

病毒病是马铃薯发生最普遍、最主要、也是为害最大的病害，是造成马铃薯退化减产的根本原因。

1. 病毒病症状

由于马铃薯病毒病的病原种类较多，症状也比较复杂。常见的有皱缩花叶型、卷叶型和坏死型（图6-1）。

（1）皱缩花叶型 病株叶片叶绿素分布不匀。呈现浓绿与淡绿相间或黄绿相间的轻花叶至重花叶，叶片变小，不同程度地皱缩、节间缩短、植株矮化。

（2）卷叶型 典型症状为小叶叶缘向上卷曲，并逐渐变黄，严重的卷成汤匙状或筒状，病叶厚而脆，叶脉硬化，叶色较淡，有的叶缘背面呈现紫红或微紫红色。

（3）坏死型 病株叶片、叶柄、枝条和茎出现不同程度褐色坏死斑和坏死条斑，病斑可连片坏死，导致全叶或全株枯死。

除上述3种基本类型以外，马铃薯感染病毒病也可不表现症状或只表现轻微症状。无论症状表现如何，都可造成马铃薯不同程度退化减产。

2. 病毒病病原

已知侵染马铃薯的病毒有18种。我国危害较重的主要有以下5种：即马铃薯X病毒（PVX）、马铃薯Y病毒（PVY）、马铃薯S病毒（PVS）、马铃薯A病毒（PVA）和马铃薯卷叶病毒（PLRV）。

3. 病毒病传播途径和发病条件

马铃薯X病毒通过汁液传播和咀嚼式口器昆虫传播。马铃薯Y病毒、马铃薯S病毒、马铃薯A病毒主要通过接触传染，也可由蚜虫传播。马铃薯卷叶病毒主要由桃蚜等蚜虫传播。播种带病毒的种薯，也是次年田间发病的主要来源。高温干旱和缺肥会使马铃薯降低对病毒的抵抗力，也有利于蚜虫繁殖、迁飞和传播病毒。因此，炎热地区的马铃薯病毒病发病重，凉爽山区则发病轻，甚至不发病。品种抗病性和栽培措施都会影响该病的发病程度。

图 6－1　马铃薯病毒病症状

4. 马铃薯病毒病的综合防治方法

马铃薯病毒病所致的种薯严重退化，产量锐减，已成为发展马铃薯生产的最大障碍。目前，马铃薯的病毒病防治方法主要集中在生产健康马铃薯种薯、培育马铃薯抗病毒品种和利用抗病毒物质 3 个方面。

（1）马铃薯抗病毒种薯的生产　要生产出健康的种薯，首先需要脱除这些病毒以获得无病毒的基础苗。马铃薯脱除病毒的常用方法有茎尖培养。茎尖脱毒组织培养技术可生产病毒含量很低的种薯。在严格的生产管理条件下，由经检测合格的脱毒苗可以生产接近无毒的种薯。但茎尖脱毒组织培养技术由于成本高，对人员也有较高的要求，脱毒后的种薯易在栽培过程中受耕作措施及蚜虫的侵染而重新感染病毒以及脱毒易造成品种的变异，且在继代过程中可能发生机械混杂等原因，马铃薯脱毒种薯尚未能全面应用于生产。选育和种植抗病毒品种以及加强田间管理仍是目前成本最低、减少病毒危害的有效途径。

（2）选育和种植抗病毒品种　选用抗病品种，如白头翁、丰收白、克新1号、东农304、克新4号、大西洋、中薯2号、郑薯4号等抗耐病优良品种。同时用脱毒薯的早代种薯，如原种一级脱毒薯。在贮藏前、切芽前剔除病薯，尽量用小种薯，可避免切刀传病。种薯宜选用无病斑、无机械破损、无虫眼的50~100克小整薯。挑好种薯后，必须进行消毒，可用1%石灰水或0.1%高锰酸钾浸种1小时再晾干；如果切块，切刀可用50%来苏水或75%酒精消毒，一般都采用随切随消毒的方法，简单易行。

（3）马铃薯一季作地区实行夏播，使块茎在冷凉季节形成，增强对病毒的抵抗力；二季作地区春季用早熟品种，地膜覆盖栽培，早播早收，秋季适当晚播、早收，可减轻发病。

（4）改进栽培措施　包括留种田远离茄科菜地；及早拔除病株；实行精耕细作，高垄栽培，及时培土；避免偏施过施氮肥，增施磷钾肥；注意深耕除草；控制秋水，严防大水漫灌。

（5）现代农业绿色无公害生物防治　预防：在病害常发期使用《蔬菜病毒专用》40克+纯牛奶250毫升或有机硅5克，对水15千克喷雾，5~7天用药1次，连用2~3次。控制方案：初发现病毒病株，使用《蔬菜病毒专用》40克+有机硅1包或纯牛奶250毫升对水15千克，进行全株喷雾，连用2天，间隔5天，再用1次，待病情完全得到控制后转为每个疗程用一遍药预防进行即可。

（二） 马铃薯真菌性病害

据报道，在我国普遍发生、危害严重的马铃薯真菌病害主要有晚疫病、早疫病、干腐病；癌肿病只在四川、云南有不同程度的发生；马铃薯粉痂病在福建、吉林、广东存在；马铃薯银腐病仅在云南存在。

1. 晚疫病

马铃薯晚疫病是指由致病疫霉引起，导致马铃薯茎叶死亡和块茎腐烂的一种毁灭性真菌病害。该病各地普遍发生，为害严重。晚疫病以往多在保护地发生，但近几年特别是多雨年份一年四季都能发生，发生严重时，叶片萎蔫，整株死亡。

（1）症状主要侵害叶、茎和薯块 叶片染病，先在叶尖或叶缘生水浸状绿褐色斑点，病斑周围具浅绿色晕圈，湿度大时病斑马铃薯晚疫病迅速扩大，呈褐色，并产生一圈白霉，即饱囊梗和饱子囊，尤以叶背最为明显，干燥时病斑变褐干枯，质脆易裂，不见白霉，且扩展速度减慢。茎部或叶柄染病，现褐色条斑。发病严重的叶片萎垂，卷缩，终致全株黑腐，全田一片枯焦，散发出腐败气味。块茎染病，初生褐色或紫褐色大块病斑，稍凹陷，病部皮下薯肉亦呈褐色，慢慢向四周扩大或烂掉（图 6 - 2）。

（2）发病病因 病害的发生与流行，与气候条件和马铃薯的生育阶段都有密切的关系。我国大部分马铃薯产区的温度都适于晚疫病发生，因此湿度对病害起决定作用。天气潮湿、阴雨连绵，早晚多雾多露，有利发病和蔓延。马铃薯开花结薯前抗病力较强，以后抗病力迅速下降。我国北方马铃薯主产区多为春播秋收，因此，马铃薯生育后期正遇上雨季，如 7—8 月降雨早而降雨次数多，病害发生早而重。以马铃薯开花前后，阴雨连绵，气温不低于 10℃，相对湿度在 75% 以上时，以中心病株出现作为病害流行的预兆。在温湿度适宜和种植感病品种的条件下，大约经过 10 ~ 14 天，病害可传播到全田的每个植株。

图6-2　马铃薯晚疫病

（3）发病规律　病菌主要以菌丝体在薯块中越冬，播种带菌薯块，导致不发芽或发芽后出土即死去，有的出土后成为中心病株，病部产生孢子囊借气流传播进行再侵染，形成发病中心，致该病由点到面，迅速蔓延扩大；病叶上的孢子囊还可随雨水或灌溉水渗入土中侵染薯块，即形成病薯，成为翌年主要侵染源。病菌喜日暖夜凉高湿条件，相对湿度95%以上，18~22℃条件下，有利于孢子囊的形成，冷凉（10~13℃，保持1~2小时）又有水滴存在，有利孢子囊萌发产生游动孢子，温暖（24~25℃，持续5~8小时）有水滴存在，有利孢子囊直接产出芽管，因此多雨年份，空气潮湿，或温暖多雾条件下发病重。

（4）马铃薯晚疫病的综合防治方法　一是农业防治。轮作换茬：防止连作，防止与茄科作物连作，或临近种植。应与十字花科蔬菜实行3年以上轮作；培育无病壮苗：病菌主要在土壤或病残体中越冬，因此，育苗土必须严格选用没有种植过茄科作物的土壤，提倡用营养钵、营养袋、穴盘等培育无病壮苗；加强田间管理：施足基肥，实行配方施肥，避免偏施氮肥，增施磷、钾肥。定植后要及时防除杂草，根据不同品种结果习性，合理整枝、摘心、打杈，减少养分消耗，促进主茎的生长；合理密植：根据不同品种生育期长短、结果习性，采用不同的密植方式，如双秆整枝的每亩，栽 2 000 株左右，单秆整枝的每亩栽 2 500 ~ 3 500 株，合理密植，可改善田间通风透光条件，降低田间湿度，减轻病害的发生。二是生物防治。以预防为主，在花前 8 ~ 10 天和谢花后分别使用霜贝尔 30 毫升对水 15 千克进行喷雾；一旦发病，用霜贝尔 50 毫升 + 大蒜油 15 ~ 20 毫升，对水 15 千克喷雾，5 ~ 7 天 1 次，连用 2 次，情控制后，转为预防。病情控制后，转为预防方案。三是化学治疗。药剂种类有波尔多液、代森锌、代森铵等保护剂和内吸杀菌剂氟菌霜霉威、银法利、克露、38% 噁霜嘧铜菌酯、56% 嘧菌酯百菌清、霜贝尔、瑞毒霉等嘧啶核苷类抗菌素，枯草芽孢杆菌等。

2. 早疫病

马铃薯早疫病是仅次于晚疫病的第二大真菌病害，各个种植区均有不同程度的发生，并且呈上升趋势，部分地区其为害程度不亚于晚疫病。早疫病不仅在马铃薯田间生长期发生，成产量和经济损失，而且在贮藏期也会发生，导致品质降低。

（1）症状　叶片片上的症状最明显，叶柄、茎、块茎、果实等部位也都可发病（图 6 - 3）。

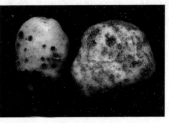

图 6 - 3　马铃薯早疫病危害的病叶、病果

叶片上初生黑褐色、形状不规则的小病斑，直径 1 ~ 2 毫米，以后发展成为暗褐色至黑色，直径 3 ~ 12 毫米，有明显的同心轮纹的近圆形病斑，有时病斑周围褪绿。潮湿时，病斑上生出黑色霉层。通常植株下部较老叶片先发病，逐渐向上部叶片蔓延。严重发生时大量叶片枯死，全株变褐死亡。发病块茎上产生黑褐色的近圆形或不规则形病斑，大小不一，大的直径可达 2 厘米。病斑略微下陷，边缘略突起，有的老病斑表面出现裂缝。病斑下面的薯肉变紫褐色，木栓化干腐，深度可达 5 毫米。

（2）发病规律　病原菌随病株残体、病薯越冬，或度过不种植马铃薯的季节。在温湿条件适宜时，产生分生孢子，侵染下一茬马铃薯幼苗，引起田间发病。病原菌还可以为害大棚和温室栽培的番茄、辣椒等蔬菜，度过冬季，侵染春、夏季的大田马铃薯。在生长季节，马铃薯叶上病斑产生的孢子，可由风、雨、昆虫等分散传播，侵染四周的健康植株。叶面湿润时，降落在叶片上的孢子萌发，由气孔和伤口侵入，几天后就形成新的病斑，病斑上又产生孢子，分散传播。在一个生长季节里，可以反复发生多次侵染，以致造成全田发病。降雨有利于孢子形成，雨后 2～3 天，空中飞散的孢子数量明显增多，孢子传播高峰期后 10～20 天，田间发病数量急剧增多。生长早期雨水多，有利于早疫病流行。重茬地，邻近辣椒、番茄棚室的田块，菌源较多，发病早而重。土壤瘠薄，植株脱肥，生长不良，抗病性降低，发病加重。

（3）防治方法　一是选用抗病品种。一般来说，晚熟品种的发病率低于早熟品种。幼嫩叶片对早疫病的抗性强，随着植株变老，抗性逐渐降低。我国筛选出的抗性品种有晋薯 14、晋薯 7 号、同薯 23、同薯 20、陇薯 6 号、陇薯 3 号、克新 1 号、克新 4 号、克新 12、克新 13 和克新 18 等。二是加强栽培管理。选择土壤肥沃的干燥田块种植，增施有机肥，提高寄主抗病能力是主要措施。收获充分成熟的薯块、减少收获和运输中的损伤、病薯不入窖等措施均可有效地防治早疫病。三是生物防治。每 7 天施用 1 次绿脓假单胞杆菌，每次用 200 克/亩，对早疫病的防治效果与代森锰锌之间无显著性差异。四是化学防治。生产上防治马铃薯早疫病的主要措施是喷施杀菌剂。保护性杀菌剂主要有铜制剂、波尔多液、代森锰锌、百菌清、敌菌丹等；内吸性杀菌剂主要有啶酰菌胺、戊唑醇、苯醚甲环唑、嘧菌酯、腐霉利、异菌脲、咯菌腈等。

3. 干腐病

马铃薯干腐病作为一种在田间和窖储都常发生的块茎病害，其常年发病率达到 10% ~ 30%，起了广泛重视。其主要引起贮藏期块茎腐烂，通常生长在沙土和泥炭土的马铃薯易发该病，早熟品种比晚熟品种易发病。

（1）症状　干腐病的最初症状会在收获后几周内显现出来，也有些干腐病症状出现的相对要晚些。发病初期仅局部出现褐色凹陷病斑，扩大后病部出现很多皱褶，呈同心轮纹状，其上有时长出灰白色的绒状颗粒，即病菌子实体。开始时薯块表皮局部颜色发暗、变褐色，以后发病部略微凹陷，逐渐形成褶叠，呈同心环状皱缩；后期薯块内部变褐色，常呈空心，空腔内长满菌丝；最后薯肉变为灰褐色或深褐色、僵缩、干腐、变轻、变硬。剖开病薯可见空心，空腔内长满菌丝，薯内则变为深褐色或灰褐色，终致整个块茎僵缩或干腐，无法食用（图 6 - 4）。如果干腐病大面积发生，则收获的块茎不能用作种薯或贮藏食用。以防种薯田间萌发时发生腐烂，造成缺苗断垄。另外，干腐病在贮藏期间容易发展成湿腐病，这些病薯的分泌物接触相邻健康的种薯，导致一窝烂薯。

图 6 - 4　马铃薯干腐病

（2）发病规律　病菌以菌丝体或分生孢子在病残组织或土壤

中越冬，在土壤中可存活几年。在种薯表面繁殖存活的病菌是主要的侵染来源。条件适宜时，病菌依靠雨水溅射而传播，经伤口或芽眼侵入，又经操作或贮存薯块的容器及工具污染传播、扩大为害。被侵染的种薯和芽块腐烂，又可污染土壤，以后又附在被收获的块茎上或在土壤中越冬。病害侵染的最佳温度在 10 ~ 20℃，根部受害的最适发展条件是温度 15 ~ 20℃，而且要有较高的相对湿度，在≤2℃条件下不发病。另一个影响病害发展至关重要的条件是块茎伤口愈合时间的长短，温度在 18 ~ 22℃，并且相对湿度较高、通风状况良好的条件下，伤口愈合时间需要 3 ~ 4 天；温度在低于 15℃或高于 24℃时，或者相对湿度较低的条件下，由于伤口的愈合速度太慢，就会导致病菌侵入。块茎储存的时间越长，受感染的机会越大，切割块茎造成大量伤口而导致感染病菌的机会大大增加。

（3）防治方法　一是加强农业防治和人工防治。①挑选健康的种薯做种子，以最大限度地保证后代不会感病；②尽量整薯种植，避免因切割薯块造成伤口而引起不必要的感染；③生长后期和收获前抓好水分管理，尤其是在雨后需及时清沟排水降湿，保护地种植要避免或减少叶片结露水，收获时尽量避免或减少人为对种薯造成伤口，以减轻贮运期块茎发病；④马铃薯最好在表皮韧性较大、皮层较厚而且较为干燥时适时收获，这样可以有效地避免收获过程中由于相互摩擦、碰撞、挤压等造成伤口；⑤选晴天收获，收获后摊晒数天，贮运时轻拿轻运，尽量减少伤口，并剔除可疑块茎后才装运或入窖，入窖时清除病、伤薯块；⑥在马铃薯的挑选和分类过程中，要将储藏条件提高到至少 12℃以上。在收获 1 周内，要将储存条件控制在较高温度（15℃以上）及较高的相对湿度条件下（90%以上），保持良好的通风条件，以促使伤口尽快愈合，降低被侵染的机会。此外，薯块小堆贮藏可以防止温度过高，减轻病害的发生。不偏施氮肥，增施磷、钾肥，培育壮苗，以提高植株自身的抗病力。适量灌水，阴雨天或下午不宜浇水，以预防冻害。二是药剂防治。①将奥力－克霉止按300～500倍液稀释，在发病前或发病初期喷雾，每5～7天喷药1次，具体喷药次数视病情而定。病情严重时，奥力—克霉止按300倍液稀释，每3天喷施1次。施药避开高温时间段，最佳施药温度为20～30℃。重要防治时期为开花期和果实膨大期。②发病初期及时进行药剂防治，可选用58%甲霜灵锰锌可湿性粉剂400倍液，防治效果可达58.89%，可有效环节马铃薯干腐病的蔓延。

4. 粉痂病

马铃薯粉痂病是由根肿菌纲粉痂菌属真菌引起的土传病害，主要危害马铃薯植株根部和块茎，引起植株早衰死亡、块茎腐烂。我国云南、内蒙古、江西、广东、贵州等地均发现了此病害。

（1）症状粉茄病　主要为害块茎及根部，有时茎也可染病。块茎染病初在表皮上出现针头大的褐色小斑，外围有半透明的晕环，后小斑逐渐隆起、膨大，成为直径3～5毫米不等的"疱斑"，其表皮尚未破裂，为粉痂的"封闭疱"阶段。后随病情的发展，"疱斑"表皮破裂、反卷，皮下组织出现橘红色，散出大量深褐色粉状物（孢子囊球），"疱斑"下陷呈火山口状，外围有木栓质晕环，为粉痂的"开放疱"阶段。根部染病于根的一侧长出豆粒大小单生或聚生的瘤状物（图6-5）。

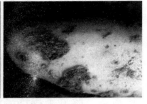

图6-5　马铃薯粉痂病病薯

（2）发病规律 马铃薯粉痂病病原是粉痂菌，分类属鞭毛菌亚门真菌。寄主有马铃薯、龙葵和黄花烟，主要为害马铃薯块茎及根部。病菌以休眠孢子囊球在种薯内或随病残物遗落在土壤中越冬，病薯和病土成为第二年本病的初侵染源。病害的远距离传播靠种薯的调运。田间近距离传播则靠病土、病肥、灌溉水等。休眠孢子囊在土中可存活 4～6 年，当条件适宜时，萌发产生游动孢子，游动孢子静止后成为变形体，从根及根毛、匍匐茎表皮细胞，或皮孔、伤口侵入寄主。变形体在寄主细胞内发育，分裂为多核的原生质团；到生长后期，原生质团又分化为单核的休眠孢子囊，并集结为海绵状的休眠孢子囊球，充满寄主细胞内。病组织崩解后，休眠孢子囊球又落入土中越冬或越夏。土壤湿度90%左右，土温 18～20℃，土壤 pH 值 4.7～5.4，适于病菌发育，因而发病也重。一般雨量多、夏季较凉爽的年份易发病。本病发生的轻重主要取决于初侵染及初侵染病原菌的数量，田间再侵染即使发生也不重要。

（3）防治方法 ①严格执行检疫制度，对病区种薯严加封锁，禁止外调。②马铃薯品种间抗病性差异较大，播种时最好选用抗病品种，最好选褐色、厚皮品种。选留无病种薯，把好收获、贮藏、播种关，剔除病薯。播前用 2% 盐酸溶液或 40% 福尔马林 200 倍液浸种 5 分钟或用 40% 福尔马林 200 倍液将种薯浸湿，再用塑料膜盖严闷 2 小时，晾干播种。或选用 72% 农用链霉素 220 毫克/千克浸种 30 分钟后播种，对马铃薯粉痂病的发生有一定的抑制作用。③病区实行 5 年以上轮作。轮作时避开茄科作物，与豆科、百合科、葫芦科轮作较好。④多施腐熟后的有机肥，可抑制发病。增施基肥或磷钾肥，多施石灰或草木灰，改变土壤 pH 值。加强田间管理，提倡采用高畦栽培，避免大水漫灌，防止病菌传播蔓延。不用染病薯块喂养的动物粪便作肥料。

（三） 马铃薯细菌性病害

马铃薯细菌性病害多发生在温暖、潮湿的地区，危害比较严重，严重影响了马铃薯的产量和品质，阻碍了马铃薯产业化生产和农民的增收致富。且症状表现不易区分，给防治带来很大困难。现将马铃薯常见细菌性病害的识别与防治介绍如下。

1. 青枯病

马铃薯青枯病又称细菌性枯萎病，是温暖地区马铃薯最严重的细菌性病害。pH 值 6.6 的酸性土壤最适宜发病。

（1）症状　病株稍矮缩，叶片浅绿或苍绿，下部叶片先萎蔫后全株下垂，开始早晚恢复，持续 4～5 天后，全株茎叶全部萎蔫死亡，但仍保持青绿色，叶片不凋落，叶脉褐变，茎出现褐色条纹（图 6-6）。块茎染病后，轻的不明显，重的脐部呈灰褐色水浸状，切开薯块，维管束圈变褐，挤压时溢出白色黏液，但皮肉不从维管束处分离，严重时外皮龟裂，髓部溃烂如泥，别于枯萎病。

图 6-6　马铃薯青枯病病株

（2）传播途径和发病条件　病菌随病残组织在土壤中越冬，

侵入薯块的病菌在窖里越冬，无寄主可在土中腐生 14 个月至 6 年。病菌通过灌溉水或雨水传播，从茎基部或根部伤口侵入，也可透过导管进入相邻的薄壁细胞，致茎部出现不规则水浸状斑。青枯病是典型维管束病害，病菌侵入维管束后迅速繁殖并堵塞导管，妨碍水分运输导致萎蔫。该菌在 10 ~ 40℃ 均可发育，最适为 30 ~ 37℃，适应 pH 值 6 ~ 8，最适 pH 值为 6.6，一般酸性土发病重。田间土壤含水量高、连阴雨或大雨后转晴气温急剧升高发病重。

（3）防治方法　①培育和选用抗病品种。这是防止青枯病最经济有效的方法，如克新 4 号等较抗青枯病。②建立无病留种地。选留未发生过上述病害的地块进行秋季繁育种薯，并利用脱毒技术繁殖原原种等，都会遏制病害的发生和侵染。留种地采用整薯播种、夏播留种或芽栽等方式繁殖原种，获得无病种薯后再用于生产种植，生产田不留种。播种前应严格选择健薯，淘汰病薯，马铃薯在入窖、出窖、播前切种时，要严格精选，凡有病、受伤的块茎都不能做种用，确保种薯无病。③种薯切块消毒。种薯带菌及切刀传染是环腐病发生的主要原因，因此生产上只要控制种薯带菌，防止传播既能获得良好的防治效果。种薯切块时应注意切刀消毒处理，凡接触过病薯的刀，应随时消毒，可将切刀投入沸水中，或用 75% 酒精，或浸在 5% 石碳酸液中消毒。此外还应注意切块种薯场所及用具的消毒，一般可用 2% 硫酸铜液喷洒等。④合理轮作。青枯病是土传病害，应大力提倡与十字花科或禾本科等非寄主植物实行 2 ~ 3 年以上的轮作，与水稻、莲藕等进行水旱轮作效果更好。⑤合理施肥。播种时按每亩施过磷酸钙 25 千克，沟施或穴施，或薯块重量的 5% 拌种，随切块随拌种，有一定的防病增产效果。切勿使用未腐熟可能带菌的土杂肥，尽量使用有机活性肥、生物有机肥，减少化肥用量。施足基肥，增施磷钾肥，合理灌水。在出苗后 15 ~ 20 天每亩施腐熟的有机肥 2 000 千克或草木灰 2 000 千克，具有较好的防病增产效果。⑥加强栽培管理。深耕翻晒土壤，适当施石灰降低土壤酸度；加大行距，缩小株距，高垄深沟栽培。及时清洁田园，田间发现病株及时拔除，病穴施适量石灰以防病菌扩散；大雨后注意及时排水，采用高畦栽培，避免大水漫灌。⑦药剂防治。掌握在未发病或发病初期进行喷雾或灌根，药剂可选用72%农用硫酸链霉素可溶性粉剂4 000倍液，或用77%可杀得可湿性粉剂1 500倍液，或用25%青枯灵可湿性粉剂800倍液等灌根，每株灌0.25～0.5千克，每隔7～10天1次，连续2～3次，做到上述药剂交替轮换使用。同时注意防治地下害虫，以减少根系损伤，降低发病率。

2. 环腐病

马铃薯环腐病是国内植物检疫性病害，各地均有发生。常造成马铃薯烂种、死苗、死株，储藏期间病情发展造成烂窖，对产量及块茎质量影响极大。

（1）症状　本病属细菌性维管束病害。地上部染病分枯斑和萎蔫两种类型。枯斑型多在植株基部复叶的顶上先发病，叶尖和叶缘及叶脉呈绿色，叶肉为黄绿或灰绿色，具明显斑驳，且叶尖干枯或向内纵卷，病情向上扩展，致全株枯死；萎蔫型初期则从顶端复叶开始萎蔫，叶缘稍内卷，似缺水状，病情向下扩展，全株叶片开始褪绿，内卷下垂，终致植株倒伏枯死。块茎发病切开可见维管束变为乳黄色至黑褐色，皮层内现环形或弧形坏死部，故称环腐（图6-7）。经贮藏块茎芽眼变黑干枯或外表爆裂，播种后不出芽或出芽后枯死或形成病株。病株的根、茎部维管束常变褐，病蔓有时溢出白色菌脓。

（2）传播途径和发病条件　病菌主要在种薯内越冬，因此带病种薯是第二年发病的主要初侵染来源。播种时通过切刀传染，使生长的植株直接发病，病株结的薯块带菌，做种薯播种再引起下一季节发病。病菌主要从伤口侵入，切过病薯的刀不经消毒，则可将病菌连续传染到第20～30刀薯块，因此，即使种薯带菌

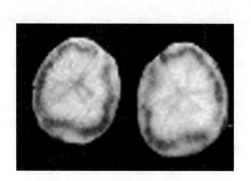

图 6 - 7 马铃薯环腐病

率只有 1% 左右，但经过切薯刀传播，能使田间发病株率提高到 20% ~ 30%。此外病薯经切块后病菌还可污染切种薯的场地、盛放种薯的容器等，也成为薯块感染的菌源。田间病害的发生发展与温度、播期有较大关系。一般耕作层地温 16 ~ 28℃ 均可发病，以 18 ~ 24℃ 发病最重。地温持续低于 16℃ 时很少发病，高于 31℃ 病害明显受抑制。贮藏期的温度对发病也有较大影响，一般在 20℃ 以上高温下贮藏比在 1 ~ 3℃ 低温下贮藏的发病率高一倍以上。此外，播种期对于发病也有一定影响，播种早、收获迟的发病重，播种晚、收获早则发病轻。

（3）防治方法 ①建立无病留种田，尽可能采用整薯播种。有条件的最好与选育新品种结合起来，利用杂交实生苗，繁育无病种薯。②选用抗病品种。经鉴定表现抗病的品系有：郑薯 4 号、宁紫 7 号·庐山白皮、乌盟 601、克新 1 号、丰定 22、铁筒 1 号、阿奎拉、长薯 4 号、高原 3 号、同薯 8 号等。③播前汰除病薯。把种薯先放在室内堆放五、六天，进行晾种，不断剔除烂薯，使田间环腐病大为减少。此外用 50 毫克/千克硫酸铜浸泡种薯 10 分钟有较好效果。④结合中耕培土，及时拔除病株，携出田外集中处理。

3. 黑胫病

马铃薯黑胫病在各马铃薯产区均有不同程度发生，发病率一般为 2% ~ 5%，严重的可达 40% ~ 50%。在田间造成缺苗断垄及块茎腐烂，还可在温度高的薯窖内引起严重烂薯。

（1）症状　在马铃薯各个生长期均可发生，主要危害植株茎基部和块茎。病株一般在植株高 16 ~ 20 厘米时表现症状。植株矮小，叶色褪绿，茎基部以上部位组织发黑腐烂。由于植株茎基部和地下部受害，影响水分和养分的吸收和传导，早期病株很快萎蔫枯死，不能结薯，且根系不发达，易从土中拔出。纵剖茎部可见维管束变褐色。重病株的病薯在收获时呈腐烂状。如果发病较晚，则只有部分分枝发病，轻者不表现症状。局部发病的薯块，纵剖块茎，可看到病薯的病部和健部分界明显，病组织柔软常形成黑色孔洞。病轻的只在脐部呈很小的黑斑，有时能看到薯块切面维管束呈黑色小点状或断线状。而感病最轻的，病薯内部无明显症状，这种病薯往往是病害发生的初侵染源（图 6 - 8）。

图 6 - 8　马铃薯黑胫病

（2）传播途径和发病条件　马铃薯黑胫病菌的病原属于肠杆菌科欧氏杆菌属细菌。带菌种薯、土壤和田间未完全腐烂的病薯是病害的初侵染源，带菌种薯是主要初侵染源。病菌通过伤口才能侵入寄主，用刀切种薯是病害扩大传播的主要途径。带菌种薯播种后，在适宜条件下，病菌沿维管束侵染块茎幼芽，随着植株生长，侵入根、茎、匍匐茎和新结块茎，并从维管束向四周扩展，侵入附近薄壁组织的细胞间隙，分泌果胶酶溶解细胞壁的中胶层，使细胞离析，组织解体，呈腐烂状。在田间，种蝇的幼虫和线虫可在块茎间传病。无伤口的植株或已木栓化的块茎不受侵染。块茎与块茎之间的侵染，主要是通过切薯、田间昆虫、灌溉水带菌传播等。病害发生程度与温湿度有密切关系。地膜马铃薯种植后，由于地温较高，发病重；窖藏期间，窖内通风不良，高温高湿，有利于细菌繁殖和危害，往往造成大量烂薯。土壤黏重而排水不良的土壤对发病有利。因黏重土壤往往土温低，植株生长缓慢，不利于寄主组织木栓化的形成，降低了抗侵入的能力；黏重土壤往往土壤含水量大，有利于细菌繁殖、传播和侵入，所以发病重。播种前，种薯切块堆放在一起，不利于切面伤口迅速形成木栓层，使发病率增高。

（3）防治方法　①合理轮作、深耕灭茬，减少翌年初侵染源。②采用抗病品种。这是防治马铃薯黑胫病的有效措施，品种如青薯2号、青薯168、陇薯3号、阿尔法等。③采用无病种薯。一是整薯播种。为了避免切刀传染，采用小整薯播种的办法，连续3年可大大减轻危害。小整薯播种比切块播种减少发病率50%～80%，提前出苗率70%～95%，增产二至三成。但小整薯要用上一年从大田中选择的抗病、农艺性状好的品种，在开花后收获前选择和标记健株，收获时单收单藏，或用从无病区调入的种薯。二是选用健薯，汰除病薯。种植无病种薯可大幅减少发病。在收获时仔细挑选无病种薯，淘汰病薯；将选好的无病种薯放在背阴的地方风干2～3天，入窖时再挑选一次；第2年种薯出窖时，再剔除一次病薯；出窖后经催芽使一些极轻微的病薯表现出较明显的病症，再一次把病薯淘汰掉；最后切薯时再选一次，把外表无病症而切开后表现病症的病薯剔除。三是切刀消毒。黑胫病主要通过切刀进行传染，所以在切薯时要做好切刀消毒。操作时准备两把刀、一盆药水，在淘汰外表有病状的薯块基础上，先削去薯块尾部进行观察，有病的淘汰，无病的随即切种，每切一薯块换一把刀。消毒药水可用5%石炭酸、0.1%高锰酸钾、

5%食盐开水或75%酒精。四是切块时用种薯质量0.1%的敌克松与适量干细土混匀后拌种，随伴随播种，减少切刀传病的概率。五是用高锰酸钾预防。用高锰酸钾280～300倍液浸种20分钟，能减少马铃薯黑胫病的发病率。春季播种时，在播种沟内撒施98%高锰酸钾1.5～2千克，能起到抗病增产的作用。④贮藏期间注意通风，避免潮湿，防止烂窖。

4. 疮痂病

薯块表面长有疮痂的是疮痂病。马铃薯疮痂病是一种世界性病害，传播非常广泛，被视为马铃薯生产中的第四大病害。我国先在北方二季作地区对秋季马铃薯危害较重，近年来，疮痂病在我国很多马铃薯生产地区有加重趋势，且在重迎茬地块发病更为严重。一般植株的地上部看不出有异状，但薯块的外观和品种变劣，从而影响销售，降低收益。带有疮痂的马铃薯在加工过程中不易清洗，尤其是凹状病斑中更易残留泥土，增加了清洗难度。为去掉块茎表面的病斑，必须增加去皮的厚度，从而造成浪费，如果是凹状病斑这种情况便更为严重。

（1）症状　马铃薯疮痂病主要侵染块茎。先是在表皮产生浅棕色的小突起，几天后形成直径0.5厘米左右的圆斑，病斑表面形成硬痂，疮痂内含有成熟的黄褐色病菌孢子球，一旦表皮破裂、剥落，便露出粉状孢子团。根据病斑形态可分为突起型疮痂病和凹陷型疮痂病（图6-9）。

图6-9　马铃薯疮痂病

（2）传播途径和发病条件　马铃薯病原菌是链霉菌，在适宜土壤中可永久存活。疮痂病原菌在薯块上越冬，或在土壤中腐生，病原菌从皮孔、气孔、或伤口侵入，发病后病菌能在土中长期残存。如果病菌被传到新的种植区，那么病菌就会在当地的病薯和土壤中越冬，而且存活多年。带菌土壤、带菌种薯和带菌肥料是主要初侵染源。马铃薯的常年连作会导致田间病菌的大量积累，土壤中病菌的大量积累是疮痂病大爆发的主要原因。适宜发病气温25.0~30.0℃，中偏微碱性砂壤土中发病严重。土壤高温干燥适宜发病（>22.0℃，相对湿度<60.0%），pH值5.2以下土壤很少发病，连作重茬严重的地区发病率较高，白色薄皮品种易感病，褐色厚皮品种较抗病。

（3）防治方法　①选用高抗疮痂病的品种。②尽可能与葫芦科、豆科、百合科等非块茎类蔬菜进行轮作，依据国外研究最好5年轮作。③加强田间管理。块茎形成期及膨大期应注意浇水，保持土壤湿润，注意排出田间积水。④施用充分腐熟的有机肥。种植马铃薯的地块上，避免施用石灰。秋季用1.5~2千克硫黄粉撒施后翻地进行土壤消毒，播种开沟时每亩再用1.5~2千克硫黄粉沟施消毒。⑤药剂防治。可用0.2%的福尔马林溶液，在播种前浸种2小时，或用对苯二酚100克，加水100升配成0.1%的溶液，于播种前浸种30分钟，然后取出晾干播种。另外，农用链霉素、新植霉素、春雷霉素、氢氧化铜等药剂对病菌也有一定的杀灭作用。

二、现代马铃薯规模生产主要虫害及其综合防治

马铃薯生长过程中常见的虫害有蚜虫、瓢虫、马铃薯块茎蛾、地老虎、蛴螬、蝼蛄等，这些害虫的危害严重影响了马铃薯的质量。

（一）蚜虫

蚜虫是马铃薯生长期的主要害虫，不仅吸取液汁为害植株，还是重要的病毒传播者。

1. 为害症状和生活习性

为害马铃薯的蚜虫主要是桃蚜，群集在幼嫩叶片和花蕾的背面吸取液汁，造成叶片变形、皱缩，使顶部幼芽和分枝生长受到严重影响（图6-10）。蚜虫繁殖速度快，每年可繁殖10～20代。而且桃蚜还是传播病毒的主要害虫，对种薯生产造成威胁。有翅蚜一般在4—5月迁飞，温度25℃左右时发育最快，高于30℃或低于6℃时，蚜虫数量会显著减少。桃蚜一般在秋末时，有翅蚜又飞回第一寄主桃树上产卵，并以卵越冬。春季卵孵化后再以有翅蚜迁飞至第二寄主危害。

图6-10　马铃薯蚜虫

2. 防治方法

一般农民种植商品薯，对蚜虫防治都不太注意，认为蚜虫的危害并不太严重。可是种薯生产就必须搞好对蚜虫的防治，不然生产出的种薯都会带有病毒，会使翌年种植的商品薯因田间退化而减产。

（1）选好种薯田地点　根据蚜虫的习性，选择高海拔的冷凉区域，或风多风大的地方做种薯生产田，使蚜虫不易降落，减少传毒机会。

（2）种薯田要远离有病毒马铃薯田　把种薯生产田建在与有病毒马铃薯田距离 300～500 米远的地方，以免蚜虫短距离迁飞传毒。

（3）躲过蚜虫迁飞高峰期　掌握蚜虫迁飞规律，躲过蚜虫迁入高峰期，比如采取选用早播种或进行错后播种等方法，可以减轻蚜虫传毒。

（4）药剂防治　采用药剂防治，主要有 3 种施药方法。一是用内吸杀虫剂给芽块包衣（拌种）。噻虫嗪拌种，按剂量使用，持效期可达 60 天以上。二是用内吸性杀虫剂进行沟喷或穴施。出苗后因内吸作用，植株上存有杀虫有效成分，可以杀死蚜虫，持效期可达 60 天以上。三是在马铃薯生长期，也是蚜虫比较活跃的时期，用触杀、熏蒸、胃毒等击倒力强的速效杀虫剂进行田间喷雾；用锐宁（2.5% 高效氯氟氰菊酯微乳剂）喷雾。还可以用内吸杀虫剂，如高猛（30% 吡虫啉微乳剂）进行植株喷雾。使用这些农药，不仅可杀死蚜虫，其他害虫如斑螯、瓢虫、叩头甲、金龟子等都能被杀死。

（二）二十八星瓢虫

马铃薯瓢虫又称二十八星瓢虫，主要为害马铃薯、茄子、辣椒、番茄、豆类和瓜类等蔬菜，其中以马铃薯和茄子受害为最重。

1. 为害症状和生活习性

为害马铃薯的瓢虫以成虫和幼虫食害寄主植物的叶片，也取食嫩茎。被害叶片仅残留一层表皮，形成许多规则的透明凹斑，似平行的几何图案状，后变为褐色斑痕，危害严重时，叶片只剩粗大叶脉（图6-11）。

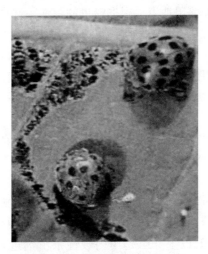

图6-11 马铃薯瓢虫危害症状

马铃薯瓢虫在东北、华北等地一年发生1~2代，江苏3代。以成虫群集在背风向阳的山洞、石缝、树洞、树皮缝、墙缝及篱笆下、土穴等缝隙中和山坡、丘陵坡地土内越冬。第二年5月中下旬出蛰，先在附近杂草上栖息，再逐渐迁移到马铃薯、茄子上繁殖为害。成虫产卵期很长，卵多产在叶背，常20~30粒直立成块。第1代幼虫发生极不整齐。成、幼虫都有取食卵的习性，成虫有假死性，并可分泌黄色黏液。夏季高温时，成虫多藏在遮阴处停止取食，生育力下降，且幼虫死亡率很高。一般在6月下旬至7月上旬、8月中旬分别是第1、第2代幼虫的为害盛期，从9月中旬至10月上旬第2代成虫迁移越冬。东北地区越冬代成虫出蛰较晚，而进入越冬稍早。

2. 防治方法

（1）人工捕杀　一是根据卵颜色鲜艳成块、容易发现的特点，结合农事操作，人工摘除卵块。二是在农事活动中，根据危害状发现幼虫和成虫，将其人工消灭。

（2）化学防治　在普遍发生危害、人工灭杀困难时，可喷药防治，药剂可选用35%赛丹乳油1 000倍液、20%杀灭菊酯乳油3 000倍液、2.5%溴氰菊酯乳油3 000倍液、80%敌敌畏乳油1 000倍液、50%辛硫磷乳油1 000倍液、50%二嗪农乳油1 000倍液、5%抑太保乳油2 000倍液等喷雾防治。药液要喷到叶背面。

（三）马铃薯块茎蛾

马铃薯块茎蛾又称马铃薯麦蛾、烟潜叶蛾等，属鳞翅目麦蛾科。国内分布于14个省（区），以云、贵、川等省受害较重。主要为害茄科植物，其中，以马铃薯、烟草、茄子等受害最重。

1. 危害症状和生活习性

在自然情况下可为害马铃薯、烟草等植物地上部分，除侵食叶肉外还蛀食花及果实。在仓库内常为害马铃薯的块茎，危害严重。幼虫潜入叶内，沿叶脉蛀食叶肉，余留上下表皮，呈半透明状，严重时嫩茎、叶芽也被害枯死，幼苗可全株死亡。该虫食害田间和贮藏期马铃薯，幼虫沿叶脉蛀食叶肉，仅残留上下表皮，还使幼苗、嫩茎和叶芽枯死。蛀食块茎时形成弯曲的虫道，能吃光薯肉，受害块茎易霉变腐烂。

分布于我国西部及南方，以西南地区发生最重。在西南各省年发生6~9代，以幼虫或蛹在枯叶或贮藏的块茎内越冬。田间马铃薯以5月及11月受害较严重，室内贮存块茎在7~9月受害严重。成虫夜出，有趋光性。卵产于叶脉处和茎基部，薯块上卵多产在芽眼、破皮、裂缝等处。幼虫孵化后四处爬散，吐丝下垂，随风飘落在邻近植株叶片上潜入叶内为害，在块茎上则从芽眼蛀入。卵期4~20天；幼虫期7~11天；蛹期6~20天。

2. 防治方法

（1）严禁从疫区调种　控制虫源的蔓延危害。

（2）冬季翻耕灭茬　消灭越冬幼虫。

（3）仓库熏蒸　彻底清除仓库的灰尘和杂物，用磷化铝熏蒸仓库，保证仓库不带虫。

（4）药剂处理种薯　对有虫的种薯，用溴甲烷、二硫化碳或磷化铝熏蒸，也可用25%喹硫磷乳油1 000倍液喷种薯，晾干后再贮存。

（5）选用无虫种薯　在大田生产中及时培土，在田间勿让薯块露出表土，减少成虫产卵的机会。

（6）药剂防治　成虫期喷洒10%菊·马乳油1 500倍液、50%辛硫磷乳油、50%杀螟松乳油、40%乙酰甲胺磷乳油、80%敌百虫可溶性粉剂各1 000倍剂，2.5%溴氰菊酯乳油、20%氰戊菊酯乳油、2.5%功夫菊酯乳油、5%顺式氰戊菊酯乳油、10%氯氰菊酯乳油、50%巴丹可溶性粉剂等2 000倍液喷雾；在幼虫初孵期，选用高效氯氟氰菊酯或阿维菌素喷雾防治。

（四）地老虎

地老虎俗称土蚕、切根虫等，是鳞翅目夜蛾科昆虫。危害马铃薯的地老虎有多种，其中小地老虎是分布最广、为害最重的一种，在我国各马铃薯产区均有发生和危害。

1. 为害症状和生活习性

小地老虎为杂食性害虫，寄主范围十分广泛，主要为害玉米、高粱、棉花、烟草、马铃薯和蔬菜，以幼虫为害马铃薯的幼苗，在贴近地面的地方把幼苗咬断，使整棵苗子死掉，并常把咬断的苗拖进虫洞；或咬食子叶、嫩叶，常造成缺苗断垄，以至补栽、毁种。

小地老虎一年发生4～5代，以老熟幼虫在土中越冬。第一代幼虫是危害的严重期，也是防治的关键时期。成虫白天栖息在杂草、土堆等隐蔽处，夜间活动，趋化性强，喜食甜酸味汁液，对黑光灯有明显趋性。在叶背、土块、草棒上产卵，温暖、潮湿、杂草丛生的地方有利于其生长。1～2龄幼虫危害幼苗嫩叶，

3龄后转入地下，为害根茎，5~6龄危害最重，可将幼苗茎从地面咬断。

2. 防治方法

（1）清洁田园 及时清除田间杂草，使成虫产卵远离大田。

（2）在田间安装频振式杀虫灯、黑光灯（每盏灯控制面积为2~4公顷）

（3）放置装有糖醋诱杀剂（诱剂配法：糖3份，醋4份，水2份，酒1份；并按总量加入0.2%的90%晶体敌百虫）的盆诱杀小地老虎成虫。也可根据小地老虎幼虫3龄前不入土的习性，清晨在断株或叶片上有小孔或缺刻的植株处进行人工捕杀。

（4）药剂防治 幼虫3龄前，可用2.5%敌杀死乳油2 000倍液，或用20%氰戊菊酯乳油1 500倍液，或用2.5%高效氯氰氟菊酯乳油2 000倍液喷施玉米植株下部。还可用傍晚时分撒于玉米地行间。在虫龄较大的地里，可用50%辛硫磷乳油1 000倍液，或用48%乐斯本乳油1 000~1 500倍液灌根。

（五）蛴螬

马铃薯蛴螬属于鞘翅目，鳃金龟科，为金龟甲的幼虫。在全国各地均有发生。金龟子种类很多，主要有大黑金龟子、暗黑金龟子、黄褐金龟子等。其中，大黑金龟子在我国危害最为普遍，分布于黑龙江、吉林、辽宁、山东、河南、河北、山西等省，主要是幼虫危害。

1. 危害症状和生活习性

在马铃薯田，蛴螬主要危害地下嫩根、地下茎和块茎，进行咬食和钻蛀，断口整齐，使地上茎营养水分供应不上而枯死。同时也为害马铃薯幼嫩块茎，块茎被钻蛀后，导致品质降低，伤口易遭病菌侵入，引起腐烂，造成减产。

蛴螬成虫体长16~22毫米，身体黑褐色至黑色，有光泽；卵椭圆形，长约3.50毫米，乳白色，表面光滑，略具光泽；老熟幼虫长 35~41 毫米，身体多皱折，静止时弯成"C"形。头部黄褐色，腹部乳白色。头部前顶每侧有 3 根刚毛。蛴螬以幼虫和成虫在 45~80 厘米无冻土层中越冬。卵期一般为 10 天，幼虫期约 350 天，蛹期约 20 天，成虫期近 1 年。5 月中旬至 6 月中旬为越冬成虫出土盛期，白天藏在土中，20~21 时为成虫取食、交配活动盛期。卵多散产在寄主根际周围松软潮湿的土壤内，以水浇地居多，每次可产卵 100 粒左右。幼虫蛴螬始终在地下活动，与土壤温湿度关系密切。当 10 厘米土温达 5℃ 时开始上升土表，13~18℃ 时活动最盛，23℃ 以上则往深土中移动。土壤潮湿活动加强，尤其是连续阴雨天气，春、秋季在表土层活动，夏季时多在清晨和夜间到表土层。成虫有假死性、趋光性和喜湿性，并对未腐熟的厩肥有较强的趋性。

2. 防治方法

（1）农业防治 ①深翻地。对于蛴螬发生严重的地块，在深秋或初冬翻耕土地，不仅能直接消灭一部分蛴螬，并且将大量蛴螬暴露于地表，使其被冻死、风干或被天敌啄食、寄生等，一般可压低虫量 15%~30%，明显减轻第 2 年的为害。②合理安排茬口。前茬为豆类、玉米的地块，常会引起蛴螬的严重为害，适当调整茬口可明显减轻为害。③避免施用未腐熟的厩肥以及合理施用化肥。金龟甲对未腐熟的厩肥有强烈趋性，常将卵产于其内，如施入田中，则带入大量虫源。因此施用农家肥时，要经高温发酵，使肥料充分腐熟，以杀死幼虫和虫卵。另外，碳酸氢铵、腐植酸铵、氨水、氨化过磷酸钙等化学肥料，散发出氨气对蛴螬等地下害虫具有一定的驱避作用。

（2）药剂防治 ①土壤处理。用 50% 辛硫磷乳油每亩 200~250 克，加水 10 倍，喷于 25~30 千克细土上拌匀成毒土，顺垄条施，随即浅锄，或以同样用量的毒土撒于种沟或地面，随即耕翻，用 5% 辛硫磷颗粒剂，或用 5% 地亚农颗粒剂，每亩 2.5~3 千克处理土壤，都能收到良好效果，并兼治金针虫和蝼蛄。

②薯块拌种。用 50% 辛硫或 50% 对硫磷与水和种子按 1∶50∶600 的比例拌种，具体操作是将药液均匀喷洒于放在塑料薄膜上的马铃薯块茎上，边喷边拌，拌后闷种 3～4 小时，其间翻动 1～2 次，薯块干后即可播种，持效期可达 20 多天。③毒饵诱杀。每亩用 25% 对硫磷或辛硫磷胶囊剂 150～200 克拌炒半熟的麦麸等饵料 5 千克，或用 50% 对硫磷或 50% 辛硫磷乳油 50～100 克拌饵料（炒香的麦麸、豆饼、煮熟的谷子等）3～4 千克，撒于种沟中，可收到良好的防治效果。④灌根。在 7 月底前进行第 1 次防治，每公顷用 50% 辛硫磷 3 000～4 000 毫升，加水 1 500 千克浇灌根部。隔 10～15 天再用药 1 次，连用 2～3 次。

（六）蝼蛄

蝼蛄属于直翅目，也叫拉拉蛄、土狗子。在全国各地普遍发生。河北、山东、河南、苏北、皖北、陕西和辽宁等地的盐碱地和沙壤地为害最重。

1. 为害症状和生活习性

蝼蛄的成虫（翅已长全）、若虫（翅未长全）都对马铃薯形成危害。它用口器和前面的大爪子要端幼根或把马铃薯的地下茎或根撕成乱丝状，是地上部萎蔫或死亡，也有时咬食芽块，是芽子不能生长，造成缺苗，断条。蝼蛄在土壤表层中穿行，形成隧道，是幼根与土壤分离、透风、造成失水，影响幼苗生长，甚至死亡。秋季蝼蛄咬食马铃薯块茎，形成孔洞，降低品质，甚至使块茎感染腐烂造成腐烂。

蝼蛄有昼伏夜出习性，午夜前后为活动、取食高峰。成虫有强烈的趋光性，在气温高、相对湿度大、风速小、无月光、闷热快下雨的傍晚趋光性更明显；蝼蛄喜爱香甜食物，对炒香的麦麸、豆饼或煮半熟的豆子等的趋性尤甚；对未腐熟的马粪等有机质含量高的粪土也有一定的趋性。蝼蛄常喜在潮湿的土壤中生活，东方蝼蛄最为明显。湖泊沿岸，沟渠两旁，菜园地，水浇田，特别是沙质壤土多腐殖质的地方，蝼蛄数量最多，"蝼蛄跑湿不跑干"，就说明了这种特性。土温影响蝼蛄在土中的垂直分布。蝼蛄在春秋季节活动频繁，在蔬菜、禾谷类作物、大豆等的田块蝼蛄发生量较大。

2. 防治方法

（1）秋季深翻地深耙地　破坏它们的越冬环境，冻死准备越冬的大量幼虫、蛹和成虫，减少越冬数量，减轻下年危害。

（2）诱杀成虫　利用糖蜜诱杀器和黑光灯、鲜马粪堆、草把等，分别对有趋光性、趋糖蜜性、趋马粪性的成虫进行诱杀可以减少成虫产卵，降低幼虫数量。

（3）使用毒土和颗粒剂　播种时每亩用1%敌百虫粉剂3~4千克，加细土10千克掺匀，顺垄撒于沟内，毒杀苗期危害的地下害虫。或在中耕时把上述农药撒于苗根部，毒杀害虫。灌根：用40%的辛硫磷1 500~2 000倍液，在苗期灌根，每株50~100毫升。

小面积防治还可以用上述农药，掺在炒熟的麦麸、玉米或糠中，做成毒饵，在晚上撒于田间。

（七）金针虫

金针虫是鞘翅目叩头虫科幼虫的总称。为重要的地下害虫，各地均有分布，为害作物种类也较多。

1. 为害症状和生活习性

在土中活动常咬食马铃薯的根和幼苗，并钻进块茎中取食，使块茎丧失商品价值。咬食块茎过程还可传病或造成块茎腐烂。叩头虫为褐色或灰褐色甲虫，体型较长，头部可上、下活动并使之弹跳。幼虫体细长，20~30毫米，外皮金黄色、坚硬、有光泽。叩头虫完成一代要经过3年左右，幼虫期最长。成虫于土壤3~5厘米深处产卵，每只可产卵100粒左右。35~40天孵化为幼虫，刚孵化的幼虫为白色，而后变黄。幼虫于冬季进入土壤深

处，3～4 月 10 厘米深处土温 6℃左右时，开始上升活动，土温
10～16℃为其为害盛期。温度达 21～26℃时又入土较深。

2. 防治方法

（1）农业防治　①深翻土地，破坏金针虫的生活环境。②在
金针虫危害盛期多浇水可使其下移，减轻为害。

（2）药剂防治　①播种时，每亩用 5% 辛硫磷颗粒剂 1.5～
2.0 千克拌细干土 100 千克撒施在播种沟（穴）中，然后播种。
②发现有虫危害时，可用 50% 丙溴磷乳油 1 000～2 000 倍液；或
用 48% 毒死稗乳油 1 000～2 000 倍液；或用辛硫磷乳油 800～
1 500倍液；对水灌根。

【思考与训练】

1. 简述马铃薯主要病毒性病害的为害症状与防治方法。
2. 简述马铃薯主要真菌性病害的为害症状与防治方法。
3. 简述马铃薯主要细菌性病害的为害症状与防治方法。
4. 简述马铃薯主要地下害虫的为害症状与防治方法。
5. 简述马铃薯蚜虫的为害症状与防治方法。

模块七 现代马铃薯规模生产间作套种种植技术

【学习目标】

了解马铃薯间作套种的优势；熟悉马铃薯间作套种的基本要求和技术原则；知道马铃薯与粮食作物、马铃薯与棉花、马铃薯与甘蓝、马铃薯与菜花、马铃薯与瓜类等生产中马铃薯常见间作套种模式的技术要求；会根据生产实际进行马铃薯的间作套种。

一、马铃薯的间作套种

（一）马铃薯的间作

间作就是在同一块田地里在同一生长期内，马铃薯与其他作物分行或分带相间种植的模式。所谓分带是指两种间作作物成多行或占一定幅度的相间种植，形成带状间作，如两垄马铃薯与三行玉米间作，两垄马铃薯与四行棉花间作，多行马铃薯与幼龄果树间作等。带状间作有利于对不同的作物分别进行管理。

（二）马铃薯的套种

套种是指在前季作物生长的后期，在其行间播种或移栽后季作物的种植方式，如马铃薯生长后期每隔两垄在行间套种两行或三行玉米，或套种两行棉花。

间作和套种的两种作物都有共生期，所不同的是，间作共生期长，超过全生育期的 2/3；套作共生期较短，不超过全生育的 1/3。

二、马铃薯间作套种的优势

作物的间作套种搭配合理时，比单作更具增产、增效的优势。从利用自然资源来说，一般的单作对土地和光能都没有充分利用。间作套种在一块地中构成的复合群体，能充分利用光能和地力，提高单位面积的产量和效益。马铃薯具有喜冷凉、生育期短、早熟的特点，可与粮、菜等多种作物间作套种，在保证其他主要作物不少收的前提下，多收一季马铃薯。

马铃薯与其他作物间作套种有多方面的作用和优势。

（一）提高光能和土地利用率

提高光能利用率是马铃薯与其他作物进行间作套种最重要的优势。由于太阳的辐射是被作物群体的茎叶所截获用于光合作用，马铃薯是喜冷凉作物，与玉米间作套种，可早于玉米 30～40 天播种。因此，一个马铃薯与玉米间作套种的复合群体，无论对土地的利用还是利用光能方面，都比只种一种作物的效率高。

（二）充分发挥边际效应

边行优势是指在间作套种中，相邻作物的边行产量优于内行的现象。马铃薯植株较矮，在与玉米等高秆作物进行间作套种时，可使高秆作物两边行的茎叶充分通风透光，根系吸收养分和水分的能力强，光能利用率高，有显著的边际效应，产量较高。虽然马铃薯植株较矮，但由于间套作合理，在玉米苗期，马铃薯有很好的边际优势，当玉米进入旺盛生长阶段，马铃薯已经收获。马铃薯收获后，玉米形成了宽窄行的田间布局，宽行有利于玉米的通风透光，起到边际效应的作用。

（三）发挥地力，充分利用养分

马铃薯的根系分布较浅，主要集中在 30 厘米土层内，与根系分布较深的作物间作套种。可以分别利用不同土层的养分，充分发挥地力资源。

（四）减少病虫害发生

马铃薯与棉花作套种，可减轻棉芽的危害。马铃薯与玉米间作套种时，块茎遭地下害虫咬食率减轻 76% 左右。马铃薯与菜豆间作套种时，由于根系对病菌侵染的障碍作用，使马铃薯的细菌性枯萎病感染率大大降低。

（五）错开农时，缓解资源压力

马铃薯与其他作物间作套种，马铃薯播种早、收获也早，可错开农时，减轻播种到收获对劳动力、肥料等的投入压力，有利于精耕细作，提高单产。

（六）提高产量和产值

马铃薯与其他作物间套栽培，可变一年一作为二作；二作变为三作，使土地得到充分利用，有效提高单位面积产量和产值。

三、马铃薯间作套种的基本原则

（一）马铃薯间作套种的基本要求

1. 间作的两种作物之间能够和平共处

由于各作物的呼吸代谢物、分泌物不同，如气味、根系分泌物等，会在作物间产生不同的影响，因而要充分利用各作物之间的互补性，杜绝相克性。如马铃薯与茄科作物的病虫害类型相似，如晚疫病、早疫病、白粉虱等的共同寄主，马铃薯与这些作物套作必然互相影响，病害更加严重；而马铃薯与豆类套种，豆类的固氮作用可以为马铃薯提供更多的养分。

2. 二者的共生期不要太长

减少二者的共生期可以最大限度地降低相互之间的负面影响，减少二者对水分、肥料、阳光、空气等的竞争，使二者的产量、品质达到最大化。也可以将马铃薯适当早播种，而套作作物适当晚播种。

3. 间套作的作物符合市场需求，经济效益好

间作套种的目的是经济效益最大化。间套作物不但要符合自然规律，而且要符合市场需求，生产出来的产品要易于销售，而且还要有比较理想的价格。

（二）马铃薯间作套种的技术原则

1. 合理选择间套作物

（1）从株型上，要"一高一矮""一胖一瘦" 马铃薯为矮秆作物，可以与高秆作物搭配；马铃薯枝叶繁茂，横向发展，可以与株型紧凑、枝叶纵向发展的作物搭配，已形成良好的通风透光条件和复合群体。如玉米与马铃薯间套作。

（2）从根系分布上，要"一深一浅" 马铃薯为浅根系作物，可以与深根系作物搭配，这样可以充分利用土壤中的水分和养分，促进作物生长发育，达到降耗增产的目的。

（3）从品种生育期上，要"一早一晚" 马铃薯为喜凉作物，并且生长期短，适合早春种植，可以与成熟期晚、喜热作物进行搭配，这样可以在马铃薯收获后，使套种的作物获得充分的光能，优质丰产。如马铃薯与棉花套作。

2. 合理安排田间布局

马铃薯与其他作物进行间作套种，要合理安排田间布局，既要保证获得最大的经济效益，又要方便马铃薯培土、浇水、除草、喷药以及收获等田间耕作和管理。以马铃薯为主要作物的套种，一般马铃薯的密度要大，至少连续种植两行马铃薯，再间作其他作物，这样可以保证马铃薯的田间管理和收获。而套种的作物种植密度要小，种窄行，保证主作物的增产优势，达到主、副作物双双丰产丰收。

3. 合理利用马铃薯的优势

马铃薯间作套种就是要充分利用马铃薯的优势，与套种作物互补，从而实现经济效益的最大化。马铃薯的优势有：生长期短，从播种到收获只有90天左右；喜欢冷凉气候，播种时间早，从3月初（保护地栽培播种时间更早）就开始播种；根系较浅，大多分布在30厘米的土层；植株矮小，早熟品种株高一般都在100厘米以下。

四、马铃薯主要间作套种模式

（一）马铃薯与粮食作物间作套种

马铃薯与粮食作物间作套种模式主要分布在粮区。我国粮食作物所占耕地面积约70%，马铃薯作为不与粮食争地的作物，与粮食作物进行间作套种，可显著提高单位面积产量和产值。薯粮间作套种以玉米为主，其他作物较少。

马铃薯与玉米套种的模式有3种。即2行马铃薯分别与1行、2行、3行玉米套种。3种模式都是种2行马铃薯，其目的是为了便于马铃薯的培土和浇水，生产中多采用第二种模式，即所谓的"2：2式"。

1. 带宽和密度

整平地面后，按170厘米幅宽种植2行马铃薯、2行玉米（图7-1）。马铃薯行距65厘米，株距20厘米，每亩播种3 900株。玉米行距40厘米，株距24厘米，每亩种植3 200株。

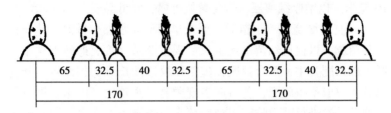

| 65 | 32.5 | 40 | 32.5 | 65 | 32.5 | 40 | 32.5 |

| 170 | 170 |

图 7 – 1　双行马铃薯和双行玉米宽幅套种模式示意图（单位：厘米）

2. 播前准备

（1）选用良种　马铃薯选用中早熟品种，比如豫马铃薯 1 号、豫马铃薯 2 号等；玉米选用中晚熟高产品种。

（2）播期　马铃薯于 3 月上中旬播种，一次性培成"宽肩垄"，并盖好地膜；玉米于 5 月中旬前后种在马铃薯行间。

（3）整地　马铃薯块茎膨大需要疏松肥沃的土壤。因此，种植马铃薯的地块最好选择地势平坦、排灌方便、耕层深厚、疏松的沙壤土。深耕 20 厘米细耙，然后做畦。畦的宽窄和高低要视地势、土壤水分而定。地势高排水良好的可做宽畦，地势低、排水不良的则要做窄畦或高畦。

3. 田间管理

（1）查苗补苗　马铃薯苗出齐后，要及时进行查苗，有缺苗的及时补苗，以保证全苗。播种时将多余的薯块密植于田间地头，用来补苗。补苗时，缺穴中如有病烂薯，要先将病薯和其周围土挖掉再补苗。土壤干旱时，应挖穴浇水且结合施用少量肥料后栽苗以减少缓苗时间，尽快恢复生长。如果没有备用苗，可从田间出苗的垄行间，选取多苗的穴，自其母薯块基部掰下多余的苗，进行移植补苗。

（2）中耕培土　出苗前如土面板结，应进行松土，以利出苗。齐苗后及时进行第 1 次中耕，深度 8 ~ 10 厘米，并结合除草；第 1 次中耕后 10 ~ 15 天进行第 2 次中耕，宜稍浅。现蕾时，进行第 3 次中耕，比第 2 次中耕更浅。并结合培土，培土厚度不超过

10 厘米，以增厚结薯层，避免薯块外露，降低品质。

（3）追肥浇水　出苗后，要及早用清粪水加少量氮素化肥追施芽苗肥，以促进幼苗迅速生长。现蕾期结合培土追施 1 次结薯肥，以钾肥为主，配合氮肥，施肥量视植株长势长相而定。开花以后，一般不再施肥，若后期表现脱肥早衰现象，可用磷钾或结合微量元素进行叶面喷施。马铃薯出苗后浇第 1 次水，同时追肥 1 次，每亩追施尿素 5～10 千克，以促进幼苗生长，此后不再追肥。植株现蕾时浇第 2 次水。此后应保持土壤湿润。

（4）防治病虫害　常见的病害有晚疫病、青枯病。虫害有蛴螬、蚜虫等。晚疫病为真菌性病害，多在雨水较多时节和植株花期前后发生。发生重，危害大，会引起田间和贮存期间大量烂薯。在马铃薯进入初花期大田出现中心病株时，及时清除田间病株，并将其集中烧毁。同时开沟排水，降低田间湿度。发病初期，及时用高效低毒的内吸性杀菌剂25%的甲霜灵或甲霜灵锰锌农药，配成 500～800 倍液喷雾。

5 月底或 6 月上旬马铃薯收获后，薯秧就垄掩埋给玉米压绿肥，并进行培土。8 月上中旬在玉米行间套种秋马铃薯，或玉米收获后种秋马铃薯。一般每亩产春马铃薯 1 500～2 500千克，套种玉米产 500～700 千克，秋马铃薯 1 500～2 000 千克，产值 4 000余元，纯收入 2 500～3 000元。

上述模式中，也可在玉米收获后整地，种植大白菜。每亩产大白菜 5 000～6 000 千克，加上春马铃薯和玉米的收入，产值 4 000余元，纯收入 3 000元以上。

（二）马铃薯与棉花间作套种

马铃薯与棉花间作套种，在许多产棉区已大面积推广。其好处是套种前期，马铃薯植株可为棉苗挡风；棉蚜延迟半月左右发生，可减轻棉蚜对棉苗的危害。马铃薯收获后，一是其茎叶可就垄掩埋，腐烂分解后释放氮磷钾元素，增补棉花营养；二是棉田形成宽窄行布局，改善了棉花行间通风透光条件，有利于结铃坐桃，促进棉花增产。达到"棉花不少收，多收一季薯"。

马铃薯与棉花的行数比2∶2，即双垄马铃薯、两行棉花宽幅套种。这样便于对马铃薯、棉花的管理。

1. 带宽和密度

播种前施足基肥，并整平耙细。播种时按180厘米的幅宽划出播种带，靠一边播种两行马铃薯，行距65厘米，株距20厘米，每亩种植3 700株。终霜期播种2行棉花，行距40厘米，株距18厘米，每亩种植4 200株（图7 – 2）。

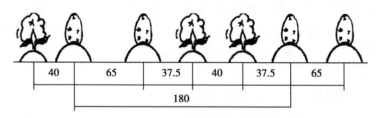

图7 – 2　双行马铃薯和双行棉花宽幅套种模式示意图（单位：厘米）

2. 马铃薯适当早播

为缩短共生期，应适当早播马铃薯，同时加盖地膜（采用改良式地膜最好，即先将地膜当成小拱棚覆盖，终霜后放回地面），棉花则应适当晚播5～7天。可将棉花播于马铃薯的地膜下，做到一膜两用。

3. 收后处理

马铃薯收刨后，及时将茎叶压入土中作绿肥，同时给棉花培土，进行植株调整。

（三）马铃薯与蔬菜间作

近年来，随着种植业结构调整，许多地区在大力提高粮食单产的基础上，扩大了蔬菜的种植面积。由于蔬菜种类繁多，生物学特性差异显著，栽培方式复杂多样，因而马铃薯与蔬菜间作的形式多样。主要分为马铃薯与耐寒、速生的蔬菜间作；马铃薯与耐寒、生长期较长的蔬菜间作多种模式；马铃薯与喜温、生长期长的爬蔓型瓜类间作。

1. 马铃薯与耐寒速生蔬菜间作套种

马铃薯与耐寒速生蔬菜间作套种模式间套作的耐寒速生蔬菜如小白菜、春萝卜、生菜等，播种后 40～50 天即可收获，因此非常适合与春马铃薯进行间作套种。

（1）带宽和密度　按 90 厘米幅宽播种 1 行马铃薯，垄宽 60厘米，株距 20 厘米，每亩种植 3 700 株。在两垄马铃薯间播种 3行小白菜或菠菜等，行距 15 厘米。

（2）播期　马铃薯催大芽，于 3 月上旬播种，培垄后进行地膜覆盖。小白菜、春萝卜等可于 3 月中下旬播种，菠菜可与马铃薯同时播种。

蔬菜收获后，及时给马铃薯培土。

2. 马铃薯与甘蓝或菜花间作

（1）甘蓝或菜花要提前育苗　与春马铃薯间作套种时，不同地区甘蓝或菜花的育苗苗龄稍有差异，一般为 60～80 天。因此，育苗时间应在 1 月上中旬。与秋马铃薯间作套种时，甘蓝或菜花的育苗时间较短，约为 25 天，一般可于 7 月中旬育苗。春马铃薯于 2 月中旬前后催芽。

（2）马铃薯播种前整地并施足基肥　播种时按 160 厘米划区，区内种植 1 行马铃薯、3 行甘蓝或菜花。马铃薯垄宽 60 厘米，株距 18 厘米，每亩种植 2 300 株。甘蓝或菜花株行距 45 厘米，每亩种植 2 800 株。

（3）春马铃薯一般于 3 月上旬播种　施足基肥，一次性培好垄。3 月中旬定植甘蓝，并进行地膜覆盖。甘蓝在定植时浇足定植水，缓苗前不再浇水。秋马铃薯于 8 月上旬播种，注意不要在连续阴雨天播种，否则播种后会因土壤湿度大、通气性差而导致种薯腐烂。种薯提前 20～25 天催芽。播完马铃薯后定植甘蓝或菜花。

3. 马铃薯与喜温、生长期长的爬蔓型瓜类间作

马铃薯与喜温、生长期长的爬蔓型瓜类间作套种模式所采用的瓜类品种多为西瓜、甜瓜或冬瓜等。我们以马铃薯与西瓜间作为例，说明马铃薯与喜温、生长期长的爬蔓型瓜类间作的技术要点。

（1）带宽和密度　在 310 厘米幅宽的种植带内播种 3 行马铃薯，行距 70 厘米，株距 20 厘米，每亩种植 3 200 株；种植 2 行西瓜，西瓜小行距 40 厘米，株距 55 厘米，每亩种植 800 株。

（2）施足基肥　马铃薯播种前整地并施足基肥。在 310 厘米的种植带内，在离一边 30 厘米处挖宽 60 厘米、深 35～40 厘米的西瓜沟，按种植要求施足底肥。

（3）选用早熟品种　马铃薯宜采选用早熟品种；西瓜可育苗移栽，也可直播。育苗移栽的应于终霜期前 30 天播种育苗，直播的可于终霜期前 7 天播种。

（4）及时埋秧　马铃薯收刨后及时开沟将薯秧埋入沟内，平整土地，为西瓜生长做好准备。

（四）薯、粮、菜间作套种模式

采用这种模式可以 1 年 4 种 4 收或 5 种 5 收。我们以马铃薯—玉米—白菜为例，具体方法如下。

1. 种植安排

在 160 厘米宽的种植带内，春季种植 2 行马铃薯、1 行春玉米。马铃薯收刨后及时整地，播种夏白菜。白菜和玉米收获后，整地种植秋甘蓝或菜花，与秋马铃薯间作，达到一年 5 种 5 收。

2. 春马铃薯间套作

马铃薯催大芽，于 3 月初播种并覆盖地膜，行距 65 厘米，株距 20 厘米，每亩种植 4 100 株。玉米于 4 月底 5 月初播种，株距 20 厘米，每亩种植 2 100 株。马铃薯收刨后，播种 4 行夏白菜，

行距 40 厘米，株距 35 厘米，每亩播种 4 700 株。利用玉米植株给白菜遮阳，因而可降低田间温度，有利于白菜植株生长。

3. 秋马铃薯间作

夏白菜和春玉米于 8 月上旬收获后，施足基肥整地，播种秋马铃薯，并定植秋甘蓝或菜花。技术要求参看本章"马铃薯与甘蓝或菜花间作"。

【思考与训练】

1. 马铃薯的间作套种有什么优势？
2. 马铃薯间作套种的基本要求和技术原则有哪些？
3. 马铃薯与粮食作物间作套种的技术要求有哪些？
4. 马铃薯与棉花间作套种的技术要求有哪些？
5. 马铃薯与甘蓝、菜花怎样进行间作套种？
6. 马铃薯与瓜类怎样进行间作套种？
7. 当地生产上马铃薯间作套种的模式有哪些？技术上有哪些要求？效益怎样？

【知识链接】

一、马铃薯、玉米、毛豆、菠菜高效复种

马铃薯、玉米、毛豆、菠菜高效复种，每亩可产马铃薯 1 200 千克、玉米 400 千克、毛豆 700 千克、菠菜 3 500 千克。

1. 马铃薯

选用丰产性好、薯块大、早熟抗病的克新 6 号品种。每组合宽 2 米，12 月底至 1 月初靠边播种 4 行马铃薯，行距 35 厘米、株距 20 厘米，每亩播 6 600 穴左右。播前每亩施三元复合肥 50 千克、粪肥 500 千克，薯块膨大期施尿素 15 千克，播后覆盖地膜，上面搭小拱棚。适时培土，一般培土 2 次，苗高 8～10 厘米时培

土 1 次，隔 8～10 天后再培土 1 次。5 月中旬收获。

2. 玉米

选用郑单 958 品种。4 月初在空幅中间播种 1 行春玉米，穴距 20 厘米，每穴留 2 株苗，每亩定苗 3 300 株左右。每亩基施腐熟羊圈肥 1 500 千克或碳酸氢铵 50 千克；早施苗肥，每亩施人畜粪肥 500 千克；重施穗肥，每亩施碳酸氢铵 50 千克。注意防治玉米螟。8 月底采收结束。

3. 毛豆

选用天鹅蛋 1 号品种。马铃薯收获后，在原马铃薯幅中播种 4 行毛豆，穴距 30 厘米，每穴留 2 株苗。每亩基施复合肥 20 千克；因苗施好花荚肥，每亩施尿素 5～8 千克。结荚期防治好豆荚螟。8 月底采收结束。

4. 菠菜

选用超级先锋品种。毛豆和玉米收获后整地播种，深沟高畦栽培，畦宽 1.2 米，每畦开沟播种 6 行，行距 20 厘米，每亩定苗 5 万株左右。每亩施尿素 5～6 千克作定苗肥。第二次追肥每亩施尿素 15 千克。收获前 15 天施最后一次肥，每亩施碳酸氢铵 25～30 千克。化肥不能撒施，以防叶片产生白斑影响品质，应加水开沟浇施，以水带肥。施肥后盖土，促进菠菜旺盛生长。生长期遇干旱及时浇水保湿，遇连续大雨及时疏通排水系统。

二、青蒜、马铃薯、青玉米、大白菜套种

青蒜、马铃薯、青玉米、大白菜套种模式在江浙一带普遍采用。青蒜、马铃薯、青玉米、大白菜反季节间作套种模式，一般亩产青蒜 1 800 千克、马铃薯 1 500 千克、大白菜 4 000 千克、青玉米 750 千克，亩产值超万元。

1. 青蒜

青蒜选用太仓白蒜或百叶蒜品种。8 月底起垄密植栽培。播前每亩施灰杂肥 1 500 千克、复合肥 50 千克。播种覆土后每亩盖麦秸 300 千克。幼苗 3 叶期后，每隔 10～15 天浇 1 次加入少量速效氮肥的稀粪水。10月开始收获上市,入冬前后采收结束,也可以留少量单行收蒜头。

2. 马铃薯

选用抗病马铃薯品种克新1号或克新4号。12月下旬至次年1月中旬播种,1个组合宽1.8米,在组合一边1米宽范围内种植3行马铃薯。每亩基施灰杂肥1 500千克、过磷酸钙50千克、复合肥20千克。播后覆土,喷除草剂,覆盖地膜。马铃薯出苗后用小拱架将地膜拱起。初花期,每亩用15%多效16.5克,加水50千克喷施1次,防止植株地上部生长过旺,促进地下块茎迅速膨大。4月下旬至5月上旬采收。

3. 青玉米

选用早熟、适口性好的苏玉糯1号玉米品种。2月底采取地膜覆盖或设小拱棚育苗。3月中下旬在马铃薯旁边0.8米宽的空幅内移栽2行玉米,行距40厘米、株距20~25厘米。移栽前每亩施粪肥1 500千克、复合肥25千克。移栽后搭小拱棚盖薄膜。玉米生长中期及时培土壅根,大喇叭口期喷药防治玉米螟。穗肥每亩施尿素25千克。5月底至6月上旬采收。

4. 大白菜

大白菜选用高产、抗病的春阳或夏阳50大白菜品种。大白菜分两批种植,第一批于5月中下旬马铃薯清茬后,在1米宽的空幅内播种2行,行距50厘米、穴距45厘米,7月下旬开始采收;第二批于6月中下旬青玉米清茬后,在0.8米宽的空幅内种植2行,8月中旬开始收获上市。播前每亩施粪肥1 500千克、复合肥40千克,土壤耕翻整平后开穴直播,每穴播种3~4粒。出苗后及时间苗、定苗、移密补缺,密度为每亩3 000株。及时中耕松土。烈日天气覆盖遮阳网遮阴,并设防虫网防虫。播后25天,每亩开塘穴施稀粪水1 500千克、尿素25千克。团棵后遇雨及时覆盖塑料薄膜。大白菜的主要病害有霜毒病和软腐病,必须做好这两种病害的防治工作。

模块八　现代马铃薯规模生产特殊种植技术

【学习目标】

了解马铃薯地膜覆盖、双膜覆盖、三膜覆盖和简易小拱棚种植方式的优势，明白马铃薯规模生产这些特殊种植方式的技术要求，会结合当地生产实际选择合适的覆盖方式，进行马铃薯高产栽培。

一、马铃薯地膜覆盖种植技术

马铃薯地膜覆盖栽培技术是一项提高地温、蓄水保墒、改变生态环境、改良品质、促进早熟、增加产量、提高经济效益的栽培技术。该项技术的推广应用，对于解决一些地区马铃薯生产中存在的低温、干旱、无霜期短等不利自然条件的影响，实现提高马铃薯产量、早上市，提高收入具有重要意义。

（一）马铃薯规模生产地膜覆盖的作用

1. 促进马铃薯生长发育

地膜覆盖可充分利用冬天和早春的光热资源，提高地温、防御春寒低温，有利于提早播种，促使早出苗、出齐苗，使马铃薯整个生育提前。覆膜后马铃薯均表现为叶多、叶大、叶色深绿、根茎粗壮，生长势强，因而加快了马铃薯的生长和发育进度，达到早熟高产的目的。

2. 促进根系生长和块茎膨大

马铃薯地膜覆盖可保持墒情，稳定土壤水分，减少地表水蒸发，保持土壤含水量相对稳定，有利于抗旱保墒；地膜还可防止浇水或雨水造成的土壤沉实，使土壤保持一定的疏松状态，有利于块茎的形成和膨大；由于覆膜后地温提高，有利于土壤微生物的活动，加快有机质分解，提高了养分利用率；覆膜还有利于改善土壤理化结构，保持土壤表面不板结，通透性增强，有利于根系生长。据试验，地膜覆盖的马铃薯根系数量、长度等明显增多，分布范围广。根粗、匍匐茎增多，生长速度快，吸收养分和水分的能力增强，为早熟增产奠定了基础。

3. 增产效应

马铃薯块茎是主要的食用部分，块茎生长的好坏直接关系到马铃薯产量的高低。马铃薯采用地膜覆盖栽培主要是能提高产量，改善品质，增加产值，提高经济效益。近年来，随着市场的需求，地膜马铃薯栽培种植面积不断增加，产量明显提高，根据试验、示范、推广表明，覆膜马铃薯平均产量达 2 680 千克/亩，比对照未覆膜的产量净增 280 千克/亩，增产率达 11.5%。实践证明，地膜覆盖技术可以提高马铃薯的产量和市场价值。

生产实际表明，马铃薯地膜覆盖栽培比露地栽培可增产20%~30%，大薯率增加 25% 左右，提早成熟 15~20 天，提早上市，亩增加纯收益约 200 元。

(二) 马铃薯规模生产地膜覆盖栽培技术

1. 播前准备

（1）选择地块，整地施肥　地膜栽培马铃薯一般要求地势应平坦，缓坡 5°~10°，土层深厚，土质疏松，有水源，透气性好、肥力中等以上的微酸性地块。应作到深翻（耕翻深度不低于 20 厘米）、细整、细耙，使土壤达到深、松、平、净的要求，达到无土块、无根茬、无杂草，土壤紧实，地面平整，以保证作垄和覆盖质量。

地膜马铃薯栽培为全生育期覆盖地膜，要一次性施足底肥。

马铃薯地膜栽培要求基肥占全生育期施肥量的 2/3 以上，保证马铃薯生长期对养分的需要。底肥以有机肥为主，按目前群众的施肥水平，一般亩施优质农家肥 2 000 ~ 3 000 千克，三元复合肥 20 ~ 30 千克、硫酸钾 20 千克、硼砂 1.5 千克、硫酸锌 1.5 千克、草木灰 200 千克。切记氮肥不可过多，否则会引起植株徒长、成熟期延迟，甚至不结薯。

（2）品种选择　种植地膜马铃薯属于早熟反季节栽培，品种的选择不但要具有产量高，品质好，结薯集中，薯大而整齐的特性，而且要求是抗病的早熟品种。当前适合栽培的品种主要是脱毒良种。应选择前期生长快、结薯早、产量高、品质优的脱毒小种薯，如东农 303、鲁引一号、早大白、费乌瑞它、尤金及克新 6 号、克新 1 号等。剔除芽眼坏死、脐部腐烂、皮色暗淡等薯块。一般每亩用种量 100 ~ 150 千克。

（3）催芽切种　地膜覆盖马铃薯可以直接播种，也可以先催大芽再播种，生产上一般要求先催芽后播种，催芽可以有效地防治由于土壤湿度过大造成的烂薯现象，保证出苗率和出苗整齐。一般于播前 30 ~ 40 天，将种薯平铺于室内，在日光下均匀分布，块茎堆放 2 ~ 3 层的厚度进行催芽。催芽时要翻动，催芽时间为 20 ~ 30 天，催芽温度 15 ~ 18℃，每亩用种量 150 千克左右，芽块大小以 40 克左右为宜，待白芽变绿色、芽长 0.5 厘米左右切块。

切块时要注意利用顶芽优势，将密集的顶芽切开，每块有 1 ~ 2 个芽眼。切块时应对切刀用高锰酸钾或其他消毒液消毒，为防止传染病原菌，切好的薯块用 60% 甲拌磷乳油喷撒拌种，100 千克种薯用 30 毫升甲拌磷乳油对水 1.5 千克，喷在薯块上，堆闷数小时，晾干后播种。

2. 起垄播种

（1）起垄　按垄面宽 60 ~ 70 厘米、垄沟宽 20 厘米，垄高 15 ~ 20 厘米起垄。在垄面上开双沟，沟内施底肥。有机肥和化肥要混合均匀，底肥施入沟内后再撒一层细土，以防化肥接触种皮，造成薯皮芽眼受害或腐烂，失去发芽能力。为防治地下害虫，播前用硫酸锌0.25千克或甲基异柳磷0.25千克配水5千克，拌锯末25千克或细沙土50千克，制成毒土，随起垄施入土壤内。

（2）播种　早熟品种适当密播，中熟品种适当稀播；分枝多、匍匐茎长、结薯分散的品种宜稀，反之宜密；肥地宜稀，瘦地宜密。一般保持每亩种植5 000株左右。按33~35厘米的行距，23~25厘米的株距摆放种块，地旱时芽眼朝上，地湿时芽眼朝下，覆土8~10厘米厚为宜，用拍板轻拍垄面，以防吊苗。然后将除草剂0.5千克，对水75千克，或用"甲草胺"除草剂0.2千克，对水75千克喷洒于垄面，以防杂草滋生。

（3）覆膜　用100~120厘米宽，0.005~0.008毫米厚的地膜覆盖垄面，地膜一定要铺好扯平，紧贴地面。然后把两边的地膜压入土内约8厘米深，每隔2~3米在地膜上堆一小堆土或土块，防止风吹破膜。若覆膜未紧贴地面，膜面未压土块，放苗口未封严实，膜面有破口，通风透气，则为杂草生长创造了条件。

3. 田间管理

马铃薯地膜覆盖栽培前期以中耕除草、培土为重点，中后期以浇水追肥、防治病虫害为重点。

（1）放苗　当80%左右的薯苗露出地面时，根据天气情况应及时破膜放苗。在破土处的地膜上划一个4~5厘米的口子，使幼苗露出地膜。做到先出的先放，后出的后放，否则膜内温度高会烧伤薯苗，如果空气温度较低，出苗不整齐时，应该放绿苗不放黄苗，放大苗不放小苗，适当推迟放苗时间，避免薯苗受凉。放苗后苗孔处放少许细土盖住地膜的破口，以防地膜内过高温度的气流灼伤马铃薯幼苗，并可保温保苗。注意在晴天中午不宜放苗，以防因温度高而造成烧苗。

（2）查苗、定苗　幼苗基本出齐后，即应进行查苗、补苗。齐苗后1周内间苗，发现缺苗，及时补苗，保证全苗。缺苗过多，对产量造成较大影响。一般缺苗20%，减产达20%~23%；

缺苗 40%，减产达 30%~35%；缺苗 60%，减产达 40%。齐苗后进行定苗，每棵保留 1~2 株壮苗，将多余弱小苗剔除，以利苗壮薯大高产。

（3）中耕培土 全生育期中耕培土 3 次。第 1 次在齐苗后5~10 天，当马铃薯幼苗长到 4~5 片叶，苗高 15~20 厘米时结合中耕进行第一次培土，中耕深度 8~10 厘米，培土厚度 4~5 厘米，以松土、灭草为主；第 2 次中耕在现蕾期进行，培土厚度8~10 厘米，重点是对第 1 次培土厚度不够的部位补土，以增加结薯层，防止薯块见光变绿；植株封垄前进行第 3 次培土，培土厚度 10~15 厘米，尽量向苗根壅土，培土要宽，上土 3~4 厘米，以增厚结薯层，避免薯块外露，降低品质。培土时注意尽量减少对幼苗的损伤。

（4）追肥 出苗后用清粪水加少量氮肥追施芽苗肥，促进幼苗迅速生长。现蕾时结合培土施适量结蕾肥，以氮肥为主，施肥量应根据植株长势而定，一般施尿素 150~300 千克/公顷。开花后不再施肥，特别是后期不能过多追施氮肥，如果后期有早衰现象，可用磷钾肥或微量元素肥进行叶面喷施。

（5）浇水与排水 马铃薯对水分要求敏感，整个生育期要求土壤湿润。播前地墒不足，采用小水沟灌以补墒。出苗后 20 天是块茎形成期与块茎增长期交替阶段，应减少浇水，防止茎叶徒长。块茎膨大期需水较多，应保持小水勤浇。进入 5 月后，由于气温较高，可采用多次灌溉以降低地温，保持土壤湿润，促进薯块膨大。切忌大水漫灌。浇后及时中耕，以免造成土壤板结、影响薯块膨大。收获前 15 天断水。在各生育阶段，如雨水较多，必须进行清沟排水，防止涝害。

（6）病虫草害防治 地膜覆盖马铃薯的病害主要是晚疫病，害虫主要有蚜虫、二十八星瓢虫及地下害虫地老虎、蛴螬等。晚疫病的防治，除选用抗病品种外，及时拔除中心病株，并喷施瑞毒霉锰锌 800~1 000 倍液进行防治；蚜虫的防治，出苗 20 天后用

40%乐果乳剂 2 000 倍液或敌杀死 3 000 倍液分期喷雾；地老虎等地下害虫的防治，一般用 5%辛硫磷颗粒剂 37.5 千克/公顷，随土翻入地下进行防治。也可用简便易行的穴撒法，用 75%辛硫磷7.5 千克/公顷，加湿土 300 千克/公顷拌匀后随播种施在穴中进行防治；杂草的防治，地膜覆盖前要进行化学除草。方法是播种覆土后盖膜前，用 20%克无踪 200～250 倍液均匀喷洒在畦面，也可结合中耕培土进行人工除草。

（7）适时收获　马铃薯的收获期有很大的伸缩性，应考虑成熟度、市场价值、天气等多种因素。一般当植株大部分茎叶由绿转黄，达到枯萎，块茎停止膨大，周皮变硬变厚，干物质含量达到最高限度，此时为食用块茎的最佳收获期。种用块茎应提前5～7 天收获，以避免低温霜冻危害、提高种性。收获应选择晴天，土壤适当干爽，尽量不损伤薯皮。运输中也要避免机械损伤。商品薯要分级装箱，剔除病烂薯，避免机械损伤，抢早上市，夺取高效。

贮藏是马铃薯生产过程中最后一个环节。具体贮藏方法可根据用途参看模块五"马铃薯的贮藏技术"。

（8）清除废膜　马铃薯收获后要彻底捡拾旧地膜，净化土壤，保护农田生态环境。与此同时，要积极引进和采用光降解和草纤维等农用地膜，可较好地防止农田污染和公害，降低成本。

在我国马铃薯二季作区，主要以春作马铃薯为主。但早春气温低，不能种的太早。在山东省、河南省等早春马铃薯种植面积较大的二季作区，广大农民和科技工作者通过生产实践总结出了双膜覆盖栽培、三膜覆盖栽培等一些改变小环境、争抢季节及配套的技术措施，取得了很好的效果。

二、马铃薯双膜覆盖栽培技术

（一）种薯准备

所谓"双模覆盖栽培模式"就是在中拱棚内覆盖地膜，形成双模覆盖。

1. 选用脱毒种薯品种

双层覆膜栽培时需要选择早熟抗病、结薯集中、薯块整齐、商品性好的优质脱毒种薯品种，如郑薯 5 号、郑薯 6 号、鲁引 1 号、津引薯 8 号、费乌瑞它等。

2. 催芽

切块催芽是双膜覆盖早熟栽培关键技术环节，只有催好芽，才能保证早出苗，出齐苗。一是直接堆积催芽，把经浸种处理的薯块晾干后，在空屋或大棚内堆在一起，或在网袋内摞 2～3 层，上面盖上 2～3 厘米的湿细沙或草苫保湿、遮光，将温度保持 15～20℃，过 7～10 天进行检查，当芽长到 0.8～1 厘米时，打开见光锻炼后，进行切芽。二是先切芽，后层积催芽（也称沙培法）在空屋或大棚内、温室内，铺一层清洁细沙，放一层经拌种或喷药消毒的芽块，上边盖 2～3 厘米湿细沙，再放一层芽块，上边再盖湿细沙，共放 3～4 层，上边用草苫盖好，保温、保湿，将室温保持在 15～20℃，随时检查。当薯长到 0.5 厘米左右时，揭开草苫，让其见光锻炼后，就可以播种了。催芽时间，如果是从北方调入的种薯可在播种前 20 天开始催芽；当地秋播留种的，因收获晚、打破休眠晚，须在播前 35～40 天开始催芽。三是切芽块，切芽块方法与前边所述一致，要强调切刀消毒。四是芽块消毒，可采取滑石粉掺甲基硫菌灵、苗盛或扑海因粉剂、农用链霉素拌芽块，防真菌、细菌性病害，用锐胜等防虫害。也可用适乐时、戴挫霉、扑海因悬浮剂、高巧等对水给芽块喷雾消毒，晾干后播种。

（二）土地准备和施基肥

选择地势平坦、土层较厚、土壤肥力中等以上、土质疏松、通透性好的沙壤土，同时水源方便、易灌易排的地块；前茬是马铃薯或其他茄科作物的忌用，前茬用过妨碍马铃薯生长的除草剂的忌用。

上茬收获后，及时灭茬，清理地面。在上冻之前（11月上旬立冬前）深翻30厘米左右，耕层化冻（1月末2月初立春之前）及时耙糖或旋耕，做到土碎无坷垃，干净无碴子，使土壤达到细、松、平、净的要求。做畦（床）前灌水增墒。

打垄做畦（床），按大行距90厘米，也就是畦距（床距）90厘米，畦（床）面70厘米打垄做畦（床），畦（床）面上种2垄马铃薯，小行距25～30厘米，畦（床）高20厘米左右。做好畦（床）等待铺地膜（先覆膜后播种的）和扣大拱棚。

应在秋收后翻地时取土样送土壤肥料部门或化肥厂家进行测土，根据目标产量提出施肥配方，按配方进行施肥。一般施肥量每亩应达到农家肥3 500～4 000千克，并施用15-10-20的马铃薯专用复合肥150～200千克，硫酸锌2千克，硫酸锰1千克，硼酸1千克。农家肥在耙、旋地前撒于地面，化肥在做畦（床）时均匀混入土中，这样可使化肥充分溶于土壤中，避免播种时施用造成的化肥烧芽块、烂芽问题的出现。

防治地下害虫的农药，如辛硫磷颗粒剂每亩2～3千克，或乐斯本颗粒剂每亩1～3千克。也可和化肥一起在打垄做床时均匀撒于畦（床）面，然后混入土中。

（三）扣膜提温

做好畦（床）马上扣膜，因当时正是1月末2月初（立春左右），虽已开始解冻（日消夜冻），但气温、地温都是最低的时候，为争取时间提早播种，必须提前扣膜，快速提高棚内气温和地温。

一般是先扣大拱棚，大拱棚骨架要选用钢体架或竹木结构架。拱棚的走向以南北方向为好，受光时间长，且受光均匀。棚宽 8～10 米、高 1.8～2.2 米，长度可视地块长短决定。采用 0.01～0.012 毫米厚的棚膜。每个大拱棚覆盖 9 个 0.9 米的畦面。扣膜时先扣底膜，即在棚架两侧分别把 1～1.5 米高的棚膜固定在棚架的中部，下边接地，把膜埋进沟中压严。然后扣棚架上面的顶膜，顶膜两侧垂下来，压上底膜约 0.5 米，用压膜线固定，这样就完成了扣膜。通风时往上推顶膜，往下拉底膜，根据情况掌握空缝大小来调节通风大小。铺地膜，如果是先铺膜后播种的，在扣好大拱棚同时把底膜铺好；如果是先播种后铺膜的，要等地温提高后，播完种再铺地膜。

大拱棚上边，夜晚覆盖草苫，白天揭开接受阳光。

（四）播种

扣棚后地温很快上升，经 4～5 天，地温上升 5～7℃时就可播种了。此时，正值 2 月上旬，比正常播种提早 30 天左右。

播种方法有两种，一种是先铺膜后播种的，要先按株行距要求，顺垄打 10～12 厘米深的坑（两垄坑要错开，成拐子形），把芽块芽眼朝上按到坑底，上边用湿土封好。一种是先播种后铺地膜的，要先用镢头按株、行距要求在畦面上开相距 20～30 厘米的两条播种沟，深 10 厘米左右，把芽块芽眼朝上播到沟中，打垄时没撒农药的可把农药撒上，进行覆土起垄，覆土从芽块到垄面 15 厘米左右。垄面搂平喷除草剂后铺地膜。

播种密度，要据品种、地力、施肥量、用途来考虑。一般极早熟品种，每亩 5 000～5 500 株（90 厘米双行、株距 27～30 厘米）；早熟种 4 000～4 500 株（90 厘米双行、株距 33～35 厘米）；中熟种 3 500～4 000 株（90 厘米双行、株距 35～37 厘米）。

（五）田间管理

1. 破膜引苗

播种后 15～20 天出苗，这时要及时破开地膜引苗，防止由于晴天膜温高把苗烫坏，影响生长或造成烂叶，苗引出后用细土把膜孔堵住。如遇寒流，要在寒流过后再引苗，此时如晴天要用草苫遮住阳光、防止地膜温度过高，烫坏薯苗。

2. 棚内温度调控

播种后一个阶段内以增温、保温为重点，需要在晴天的白天揭开草苫，夜晚覆盖草苫，阴天白天不揭草苫保温，尽早将棚内温度白天控制在 18～20℃，10 时左右，当棚内温度超过 18℃时及时通风；夜间要控制在 12～14℃；15 时左右，棚内温度降至15℃左右时，关闭通风口。此阶段天气渐热，阳光更足，白天注意适当通风，具体做法是：在拱棚背风一侧把顶膜向上推，使其与底膜之间放开一道缝隙，实现通风。如果大气最低气温稳定在8～10℃时，夜间可不盖草苫。

发棵期（薯块形成期）以后（大约 3 月中旬以后），要注意地温，此阶段地温应控制在 21℃以下，以利于薯块形成、膨大、干物质积累。要放宽通风口，夜间大气温度稳定在 10℃以上时，夜间可不关闭通风口。后期大气温度上升快，要采用双面通风，使棚内形成对流，降温效果好。4 月以后气温回升更快，棚内要加大通风量，可把棚膜全部卷起来，昼夜通风，但暂不撤膜，准备一但再有寒流，便于覆盖防冻。正式撤棚膜要在最后一次寒流过后的 4 月中旬以后。

3. 水肥管理

播种时墒情如果很好，出苗前一般不用浇水，如果干旱需要浇水，要通过畦（床）沟小水渗灌。幼苗期、发棵期要适量浇水，保持土壤湿润促进肥料吸收。膨大期需水量最大，但不能大水漫灌，要小水勤浇，水不要漫过畦面，既使土壤湿润，又保持畦内土壤的通透性，利于薯块生长。在收获前 5~7 天应停止浇水。如遇大雨天，要进行排水，绝不能让棚内积水。

如发现基肥不足，要适当补施氮、磷、钾配比的复合肥料，不能施用单质氮肥。必要时可通过叶面喷施磷酸二氢钾或硝酸钾。

4. 病虫害防治

由于有拱棚保护，棚内小环境与外界不相同，既为马铃薯生长营造了优良环境，也为病菌的生长流行创造了条件，特别是当棚内湿度较大时非常利于晚疫病的发生，所以要将晚疫病防治列为重点。为控制种薯带病形成中心病株，要在现蕾期开始每亩用克露 100 克喷雾第一次，以杀死薯苗上的病菌。隔 7~10 天后可用保护剂（代森锰锌类如大生、新万生、安泰生等），每亩用 100~150 克对水适量施 2 次。再后要用玛贺、金雷多米尔（甲霜灵加代森锰锌）、银法利等隔 7~10 天施一次。

防虫主要应使用菊酯类杀虫剂，这类杀虫剂具有高效低残留、环保的优点。如敌杀死、虫赛死等。

5. 预防低温及补救

早春气温变化大，棚内 1~5℃时生长受抑制，-2~-1℃时则会受到冻害，所以有降温预报后，可采取浇水或加盖草苫等措施预防。如果受了冻害，要保持棚内湿度，促进茎叶恢复生长，调控温度保持 15~20℃，不宜过高。补充含有氨基酸之类营养，增加植株免疫力，还可喷植物生长调节剂类农药，如赤霉素等。加强防病，配合施杀菌剂和微量元素。

6. 收获

正常情况叶片发黄，薯皮老化到了成熟期，就应及早收获上市。但遇到好行情，可提前收获，不等茎叶枯黄，薯块达到商品标准也可收获。收获时要细心，避免薯块受伤，轻拿轻放，不摔不碰，保持薯皮光滑完整，分级包装，上市或入库。

收获时间是 4 月下旬至 5 月上旬，比正常收获早 1 个月，正是马铃薯上市淡季，价格要高出露地和地膜覆盖马铃薯近 2 倍，明显提高了种植效益。

三、马铃薯三膜覆盖种植技术

三膜覆盖栽培模式就是在大拱棚内增加一层小拱棚和地膜，形成三层覆盖。大拱棚跨度 6 ~ 8 米，播种 8 ~ 10 米，播种 8 ~ 10 垄马铃薯，每两垄再用小拱棚覆盖。

（一）播种时期

大拱棚三膜覆盖的保温效果比较理想，播种期可提前。在山东省从 1 月上旬到下旬都可以播种，江苏、河南、安徽等地区可于 1 月初到 1 月中旬播种。

（二）催芽时期

催芽时间应比播种时间早 25 ~ 30 天，12 月中旬种薯切块、催芽。

（三）播种技术

1. 扣棚增温

因为播种时正处于气温最低的时期，土壤冻结，无法播种，所以播种前要提早扣棚膜来提高地温，一般提早 15 天左右扣棚。

2. 栽培密度及栽培方式

拱棚生产中一般使播种的行向与大棚的走向一致，这样便于管理。采用单垄双行栽培，垄宽 80 ~ 90 厘米，株距 25 ~ 30 厘米。施肥量、施肥方法、播种技术与四膜覆盖相同，培好垄以后覆盖地膜和小拱棚。

（四）管理技术措施

1. 温度管理

播种后出苗前大棚的主要管理措施都是围绕着提高棚内气温和地温而进行的，这段时间内大棚内的气温能够达到多高就让它达到多高。有条件的情况下，白天温度不要低于30℃，夜间不要低于20℃。为了提高保温效果，可把大棚周围的薄膜做成夹层，即在大拱棚四周的里层附一层旧塑料薄膜（约1.5米高），在夹层之间填充适量麦糠。出苗前一般情况下不必进行通风，也不必揭开里面的小拱棚。

在出苗以后，应该适当降低大棚内的温度，白天保持在28～30℃，夜间保持在15～18℃。

此外，白天只要外界气温不是太低，就应该及时把棚内的小拱棚揭开，以使植株接受更多的光照。如果夜间外界气温低于-9℃，则应适当采取保温措施，例如在大棚四周围一圈草毡进行保温。

2. 通风管理

通风的目的有两个，一是降低棚内的空气湿度，以减少病害发生；二是降低棚内温度。如果棚内湿度过大，雾气腾腾，应马上进行通风，浇水后也要进行通风。如果白天棚内温度达到30℃以上，也要进行通风。生产中要特别注意两个极端，一是通风降低棚内温度，影响生长，结果导致植株徒长，同时引发病害，尤其是晚疫病的产生；二是通风过大，影响植株生长。

3. 光照管理

因为薄膜的覆盖遮光，所以大棚内的光照条件比露地差，因此应尽量增加棚内光照。具体做法是，出苗后白天把小拱棚掀开，晚上覆盖，即便是阴雨天气也要掀开小拱棚。此外，应始终保持薄膜清洁。

四、马铃薯简易小拱棚种植技术

简易小拱棚栽培就是用竹劈等材料弯成小弓，上面覆盖地膜或薄膜，小拱棚跨度一般为 1.6 ~ 2.7 米，每个小拱棚播种 2 ~ 3 垄马铃薯。小拱棚双模覆盖栽培的播种期在 2 月中旬。

小拱棚栽培与大拱棚栽培不同，大拱棚栽培在播种前 15 天左右扣棚提高地温，播种是在已建好的棚内进行，而小拱棚栽培是先播种、起垄、盖上地膜，然后再在每两垄上面扎建小拱棚。小拱棚采用单垄双行栽培，垄宽 80 ~ 90 厘米，株距 25 ~ 30 厘米。施肥量、施肥方法、播种技术与大拱棚相似，培好垄以后覆盖地膜和小拱棚。

因为小拱棚的保温效果较差，所以如果播种时墒情好，出苗前尽量不要浇水，以利于提高地温尽快出苗。出苗时定期观察，小苗顶到薄膜时，及时放苗，以免顶芽被薄膜烫伤，出全苗后及时浇水。小拱棚内温度超过 25℃时，及时放风，棚内最高温度不要超过 30℃。棚外温度持续保持在 10℃以上时，可以把小拱棚撤掉，然后进行常规管理即可。

【思考与训练】

1. 马铃薯规模生产地膜覆盖的作用有哪些？
2. 地膜覆盖马铃薯应选什么样的品种？
3. 地膜覆盖马铃薯怎样起垄？播种密度如何确定？
4. 地膜覆盖马铃薯栽培怎样施肥？
5. 与露地栽培相比，地膜覆盖马铃薯在田间管理上有什么不同？
6. 马铃薯双膜覆盖栽培选种有什么要求？田间管理特别要注意哪些问题？

7. 马铃薯三膜覆盖栽培技术要点有哪些？

8. 马铃薯简易小拱棚栽培有什么特殊的要求？

【知识链接】

马铃薯常用的催芽方法

马铃薯催芽可以在室内、温床、塑料大棚、小拱棚等比较温暖的地方进行。

1. 室内催芽法

选择通风凉爽、温度较低的地方，把马铃薯切成小块（每块保证芽口 1~3 个），再用凉水洗汁、晾干后在室内用湿润沙土分层盖种催芽，堆积三四层，面上盖稻草保持水分，温度保持在 20℃左右。当芽长到 1~0.5 厘米，取出放在室外阴凉处炼芽 1~3 天即可播种。

2. 室外催芽

采用阳畦进行催芽，阳畦底部距地面 40 厘米。每 150 千克种薯约需阳畦 2 平方米，切块前 3 天整好阳畦，提前升温。薯块堆积厚度不能超 20 厘米，从阳畦北面倒入薯块，距阳畦南端 40 厘米不宜放置薯块，薯块上部盖草帘或沙子，喷洒适量温水，保持草帘或沙子潮湿即可（注意草帘应在畦外洒水，以防漏水烂种）。草帘上部盖薄膜。在催芽过程中，视草帘或沙子潮湿情况，可适量喷洒 1~2 次温水，以保持适宜的水分。15 天后，分拣出芽长 1 厘米以上的薯块在阳畦内单独存放练芽，不再继续盖草帘。达不到标准的可继续催芽，20 天后，揭开草帘见光练芽。

3. 赤霉素催芽法

用 5~8 毫克/千克的赤霉素浸种 0.5~1 小时，捞出后随即埋入湿沙床中催芽。沙床应设在阴凉通风处，铺湿沙 10 厘米，一层种薯一层沙，摆 3~4 层。经 5~7 天，芽长达 0.5 厘米左右即可炼芽播种。但应该注意的是：①先用少量酒精将赤霉素溶解后，加水稀释到所需的浓度，将种薯装入篓或网袋中再放入药液浸泡即可；②种薯切一批浸一批，不可头天切第二天浸，以免伤口形成愈伤组织，降低浸种效果。

4. 温室大棚催芽法

在塑料大棚内的走道头上（远离棚门一端），如果地面过干，喷洒少量水使之略显潮湿后，铺1层薯块，撒1层湿沙（注意药物消毒），这样可连铺3~5层薯块，最后上面盖稻草或麻袋保湿，但不能盖塑料薄膜。经5~7天，芽长达0.5厘米左右即可炼芽播种。

5. 育苗温床催芽法

可利用已有的苗床，也可现挖一个苗床。将床底铲平后，每铺1层薯块撒1层湿沙，铺3~5层薯块，最后在沙子上面盖1层稻草。苗床上插拱架，盖严薄膜，四周用土压好。经5~7天，芽长达0.5厘米左右即可炼芽播种。

将催好芽的种薯堆放在室内，见散射光绿化以达到炼芽的目的。经过绿化的芽，播种时种芽不易碰断，播后发棵粗壮、扎根好、出苗快、早熟、高产、抗病。

模块九　现代马铃薯规模生产机械化种植技术

【学习目标】

了解马铃薯规模化生产的机械种类；明白马铃薯机械化种植各个环节的技术及质量要求；在生产中会使用马铃薯生产机械进行整地、播种、中耕、施肥、浇水、喷药和杀秧、收获等作业，并能对马铃薯生产机械进行正常维护。

随着市场对马铃薯需求的不断增加，国外一些大公司纷纷在中国从事马铃薯生产与加工业务，国内一些生产企业也纷纷加入这一领域，使得马铃薯生产开始向生产基地规模化、标准化迈进。然而，占马铃薯生产总用工70%以上的收获作业至今大部分仍停留在传统的人工割秧、镐头刨薯和人工捡拾的阶段，严重影响了马铃薯的规模生产，远远满足不了市场需求。近年来，在农业部马铃薯生产机械化示范项目和各省（区、市）农机化创新示范马铃薯播种收获机械化项目的示范带动下，各省（区、市）马铃薯机械化生产取得了长足发展。根据资料显示，机械化种植可节约种薯5%~8%，提高产量8%~12%，提高工效10~15倍，节省雇工费用750元/公顷，并且可以实现苗齐、苗壮及种植行距、株距、播深相一致，有利于机械化中耕、培土和收获作业。

马铃薯全过程机械化生产的关键是机械化播种和收获。依靠传统方法种植和收获马铃薯劳动强度大，费工费时，效率低，且占用大量劳动力资源，影响劳动力转移和经济效益提高。马铃薯机械化生产省工、省力，可节约大量劳动力资源，发展前景广阔。

一、马铃薯规模生产小型机械化种植技术

马铃薯机械化种植技术是集开沟、施肥、种植、覆土、镇压等作业于一体的综合机械化技术，具有保墒、省工、节种、节肥、深浅一致等优点，不仅可以提高种植质量，降低劳动强度，而且为马铃薯中耕、收获等作业机械化提供了条件。

（一）马铃薯种植机械的选型配套

马铃薯种植机械按作业方式不同分为垄作、平作及垄作与平垄可调3种类型，按开沟器形式可分为靴式开沟器和铧式开沟器两种（图9-1）。目前，我国现有的马铃薯种植机械，其排种系统主要有勺链式和辐板穴碗式两种，各地在选择马铃薯种植机械时应根据当地实际，参考各机型的适应性、配套动力及作业性能等，合理选择可靠的机型。

图9-1 马铃薯小型开沟播种机

(二) 马铃薯机械化种植播种技术及质量要求

1. 深耕保墒

春季种植马铃薯的土壤墒情大多靠上年秋耕前后土壤中贮蓄的水分和冬季积雪融化的水分,因此,在每年秋耕时需深耕,以加强土壤蓄水保墒能力。如果秋季一次性完成耙整地作业,则来年春季只须开沟播种,而不必耕地耙平,以减少土壤水分损失,有利于种后幼芽早发和苗期生长。

2. 整地施肥

头年要深翻,第二年施磷肥、碳酸氢铵各 375 千克/公顷,农家肥 75 ~ 90 立方米/公顷,然后旋耕,将地整松整平,并晾晒 3 ~ 5 天。

3. 选种、切种

根据马铃薯产品用途选择合适品种。种子选定后要将种子在太阳底下暴晒一个星期,拣除带病的种薯。然后将种薯切成 30 ~ 50 克左右大小均匀的薯块,并用草木灰、甲拌磷药剂按比例 10 : (2 ~ 3) : 100 拌种晾晒 1 ~ 2 小时。

4. 适时种植

适时种植是马铃薯取得高产的重要环节。当土壤 10 厘米深处地温达到 7 ~ 8℃时开始种植为宜。而靠传统的人力、畜力大面积作业是很难达到适时种植要求的,必须依靠高效率的机械化种植技术,才能实现适时种植,保证全苗,达到高产。

5. 种植深度

我国大部分地区马铃薯种植采用垄作形式,垄作能提高地温、促进早熟,利于抗涝,便于锄草和灌溉,更有利于机械化作业。垄作时,马铃薯种植深度(包括垄高)一般为 12 ~ 18 厘米,气候潮湿地区不超过 12 厘米,气候干燥、温度较高的地区宜在 18 厘米左右。另外,对采用机械收获的地区宜浅植。平作时,马铃薯种植深度为 10 ~ 15 厘米,具体深度可以根据土壤质地和气候条件而定。

6. 马铃薯机械化种植播种质量要求

（1）整地及播种要求　种植深浅一致，不重不漏，土粒细碎，覆盖均匀、严实，起垄宽度适中，行距一致，地表平整，以满足马铃薯的生长需求。

（2）采用复式作业　春季用机械一次性完成开沟、种植、施肥等作业，可避免或降低因干旱、风大造成的土壤水分蒸发及人工撒肥造成的肥效损失，保证幼苗出土有足够的土壤水分和养分（图9-2）。

图9-2　大垄双行覆膜小型播种机

（三）马铃薯机械化种植播种后的田间管理

机械化种植马铃薯的田间管理，与常规种植相同。

播后10～15天用轻木耢或柴拖子，进行1次苗前拖耢，可使土碎地实，起到提温、保墒、灭草作用。

中耕培土要进行2次，第一次在薯苗露头20%～30%时进行，先追肥后中耕培土，或用带施肥箱的中耕机，随追肥随中耕，以铲除田间杂草。中耕时培土5厘米左右，把刚露头的幼苗埋上。第二次在苗高15～20厘米时进行，结合第二次追肥再培土 5 厘米左右，土一定壅到苗根，把苗眼杂草盖死，中耕机的犁铲、犁铧要调好入土角度、深度和宽窄，做到既不伤苗又培土严实，培够厚度。长势差的地块可叶面喷施磷酸二氢钾并加少量尿素，以防治晚疫病。马铃薯晚疫病是最常见的一种马铃薯病害，年年都有发生，所以在现蕾开花期必须用甲霜灵可湿性粉剂进行喷雾防治。

小型机械种植马铃薯的大部分是旱作，有浇水条件的要及时浇水，保持土壤湿度，为马铃薯丰收创造条件。

（四）马铃薯机械化收获

马铃薯块茎成熟的标志是植株茎叶大部分由绿转黄，并逐渐枯萎，匍匐茎干缩，易与块茎分离；块茎表皮形成较厚的木栓层，块茎停止增重。在气温过热种薯不能进一步生长，或为保证质量在茎叶未转黄时，应适时收获。对生长期较短地区的晚熟品种，在霜期来临时茎叶仍为绿色，在霜后要及时收获。

收获前要先割秧。除去茎叶的马铃薯成熟得比较快，其外表皮会变硬，水分减少，此时收获可减少马铃薯块茎的机械损伤，同时也可避免收获机作业时出现缠绕、壅土、分离不清等现象。因此，最好在收获前 7~10 天，用轧秧机或打秧机或人工割等办法处理薯秧。

1. 马铃薯收获机械的选型与配套

针对收获后马铃薯的不同用途，应选用不同类型的收获机，如收获种薯、淀粉薯和鲜食薯等。目前，国内马铃薯收获机可分为以下几类：一是把马铃薯和混和物一齐抛散的单行或双行抛掷机；二是把带有混杂物的马铃薯铺放成条的单行或双行抛掷机；三是带有简单分离器的单行、双行、三行甚至四行挖掘机，把分离较彻底的马铃薯铺放成条。选配收获机时，必须针对当地的种植习惯、土质条件、动力匹配等因素，加以综合考虑。同时，为了有效使用机械收获，必须做好播种工作，保证深浅一致、行距一致等。

国内马铃薯收获机械大多属于挖掘机，即把成熟的马铃薯从土层内挖出来（图9－3）。国外马铃薯收获机械分为两大类，一类是马铃薯挖掘机，其投资少，动力消耗少；另一类是大型联合收获机，可1次实现杀秧、收获、分离、收集多项作业，但投资较高。

图9－3　马铃薯小型手扶收获机

2. 马铃薯机械化收获的技术要点与质量要求

马铃薯收获机械在收获过程中，应尽可能减少块茎的丢失和损伤，同时使土壤、薯块、杂草石块分离彻底，在地面上成条铺放以利于人工捡拾。要确定最合适的挖掘深度，即掘起的泥土量最少而没有过多的伤薯和漏挖现象，以减少作业阻力，一般在10～20厘米范围内考虑。垄作、软质的土壤应深些，平作、硬质的土壤应浅些，同时还要考虑主机配套动力。对质量有如下要求：一是减少对块茎损伤。包括皮伤、切割、擦伤和破裂，允许轻度损伤小于产量的6%，严重损伤小于3%。二是避免直射阳光和高温引起的日烧病和黑心病。块茎挖掘到地面后，应及时捡拾。三是块茎和土壤分离好。在易拌落的土壤里，块茎的含杂率不能超过 10%，在拌落较困难的土壤里，块茎的含杂率不能超过 15%；四是收获要干净。丢失率应小于 3%。

另外，机械收获应随时检查挖掘质量，到地头后及时清理收获机上薯秧杂物泥土等。注意安全，检查、清理必须在停车和停止转动后进行。

组织好捡薯人员，及时捡净，以发挥收获机的效率。

二、马铃薯规模生产大型机械化种植技术

随着我国农业现代化的发展，马铃薯产业化水平的不断提升，及国外马铃薯现代化种植技术的引进，在我国北方一季作区具备自然、地理条件的区域内，有一批新型职业农民，突破马铃薯传统种植观念，实现了马铃薯现代化管理的面积在 67 公顷至340 公顷大型农场，实行良种化、机械（电器）化、水利化、科学化、专业化等，进行加工原料薯或种薯、菜薯的生产经营。获得了突破性的单位面积产量和效益，合格品产量达到 45 吨/公顷以上，最高的达到 75 吨/公顷以上，产量水平达到或超过了马铃薯生产先进国家，逐步显现了我国马铃薯生产的潜力。

具体种植技术要点如下。

（一）选地和基本建设

大型农场选址要非常谨慎，一旦选定建场要经营多年，一些基本建设如架设电源、打井、铺设地下管道、地缆等，都不可轻易挪动，必须认真考察后确定。

应该在气候冷凉、生长季节温差较大的区域内选地。土质疏松、土层深厚，地力较均匀的平川地或缓坡地（坡度 8°以下）沙壤土或沙土均可，土壤酸碱度为中性至微酸性（pH 值在 5 ~ 7 最佳），但北方土地大多偏碱，pH 值在 7.8 ~ 8，勉强可以利用。

地上水源较近或地下水源丰富。有地上水源的地方最好建立一个大小适宜的泵站，必要时在地中心建蓄水池为喷灌机直接供水。无地上水源有地下水的需打井，依据地下水位高低打浅井或深井一眼至多眼，以满足需水量为准。一般20公顷面积每小时供水量应达到80立方米，33.3公顷面积每小时供水量应达到120立方米，66.7公顷面积每小时供水量应达到180立方米以上。一眼井可满足水量要求的，井位可定在喷灌机中心塔前，多个井的可在中心打一眼，其他相距应在300米以上的地内或地外定井位，以避免井间水位的互相影响。多个井需从远处井道喷灌机中心埋设管道，把水集中到喷灌机中心塔主管道，或进入蓄水池再经泵送入喷灌机管道。

选地建场还要选离电源（高压线）近些的地方，喷灌机和水泵都需要电来启动。架设高压线、安装变压器、喷灌圈外可架低压动力线，喷灌圈内要埋设电缆通向井和喷灌机的中心搭架，用多大容量的变压器和多少的电缆，需视喷灌机大小、水泵的大小等实际情况经计算决定。

选址的要求还有交通要方便，最好大载重车辆能到地头，并离公路不是太远。因为每年有农药、化肥、种薯等物资运进，还有几千吨的产品运出，必须有好的交通条件才行。

（二）机械设备的配置

目前农场使用的马铃薯栽培机械一部分是从德国、美国、荷兰、意大利等国家进口的机械，一部分则是国产的，使用效果都差不多。

马铃薯栽培大中型机械设备有如下。

1. 马铃薯播种机

（1）马铃薯双行播种机　行距80~90厘米，可调株距15~40厘米，可调播种深度5~20厘米，覆土圆盘式合墒器或犁铧式起垄器，工作效率6~8亩/小时，每天60~70亩，配套动力

48.75～60千瓦（65～80马力）（图9-4）。有的带施肥装置。

（2）马铃薯4行播种机　行距90厘米，可调株距15～40厘米，可调播种深度5～20厘米，覆土为圆盘式合墒器，工作效率10～15亩/小时，每天可播80～120亩，配套动力60～90千瓦（80～120马力）（图9-5，图9-6）。有的带施肥装置。

图9-4　马铃薯大垄双行播种机

图9-5　国产4行马铃薯播种机

图9-6 美国多宝路9540马铃薯四行播种机

2. 马铃薯中耕培土机

（1）美式中耕培土机 有双行和4行等不同配置。牵引杠上装有3～5个顺垄的犁杠，在犁杠上装有多齿小旋耕器起暄土、上土、灭草作用，后边有开沟培土犁铧。可调行距75～90厘米，中耕深度10～15厘米，仿形（图9-7）。工作效率，双行0.67公顷/小时（10亩/小时）、4行1.5公顷/小时（22.5亩/小时），有的配有施肥箱。配套动力48.75～60千瓦（65～80马力）。

（2）欧式中耕培土起垄机 牵引杠中间装有3个大铧，两边各1个半面铧和后边一组4个培土做垄成型器，松土、上土、起垄、成型一次完成。行距90厘米，可培土5厘米左右，行数4行（图9-8）。作业效率1.5公顷/小时（22.5亩/小时）。配套动力60～90千瓦（80～120马力）。该机型国产有双行、四行的，效果也很好。

3. 马铃薯收获机

（1）双行马铃薯挖掘收获机 作业幅宽1.6～1.8米，行数2行，挖掘深度10～30厘米，悬挂式机身长2～2.5米，链条筛为单片；拖拉式机身长3.5～5米，链条筛有单片也有双片的

图9-7　4行中耕培土机

图9-8　4行中耕培土起垄机

（图9-9）。作业效率，0.4～0.8公顷/小时（6～12亩/小时），视捡拾马铃薯人员配备多少决定收获机效率。配套动力以75～90千瓦（100～120马力）拖拉机为最佳。还有，马铃薯收获机有带分秧装置的，可把薯秧与薯块分开，把薯秧分到侧面，只把薯块放到后边地面上，不压埋薯块，便于捡拾。也有把薯块集中放在侧面的。另外，还有4行马铃薯挖掘收获机，配套动力需135千瓦（180 马力）以上的拖拉机，目前我国用的很少。

图 9 - 9　双行马铃薯挖掘收获机

（2）托拉式马铃薯传输型联合收获机　作业宽度 1.5 ~ 1.8 米，可收 2 行。薯和土起上振动筛后经薯土分离后，再经过几级传送分秧后，直接吐入运输料斗车上，不用人工捡拾，需配备多辆运输料斗车。配套动力 135 ~ 150 千瓦（180 ~ 200 马力）拖拉机牵引。作业效率：1.5 ~ 2 公顷/小时（20 ~ 30 亩/小时）。目前我国只有少数特大型农场使用（图 9 - 10）。

4. 马铃薯施肥机

（1）悬挂式施肥机（撒肥机）　不同型号撒肥的宽度不同，有 10 ~ 18 米的，有 10 ~ 24 米或 36 米的。料斗容量也不同，在 800 ~ 1500 千克。作业效率 4 ~ 5 公顷/小时（60 ~ 80 亩/小时）。靠拖拉机动力输出轴带动尾部的甩盘把肥料甩出去。靠拖拉机悬挂装置提升后行走。配套动力 60 ~ 90 千瓦（80 ~ 120 马力）。

（2）拖拉式施肥机（撒肥机）　装有承重行走轮，靠拖拉机牵引行走，料斗较大可装 2 ~ 3 吨肥料。撒肥宽度可达 36 米。作业效率：5 ~ 7 公顷/小时（80 ~ 100 亩/小时）。配套动力 60 ~ 75

图 9 – 10　托拉式马铃薯传输型联合收获机

千瓦（80 ~ 100 马力）。

5. 打药机（喷雾机）

打药机有自走式、牵引式合悬挂式等喷杆打药机。当前我国使用的都是悬挂式喷杆打药机，药罐容量为 800 ~ 1 500 升，喷杆宽度（打药宽度）为 14 ~ 24 米，有喷杆自动伸缩的，有靠人工手动完成展开和合垄的，喷头每组 1 ~ 3 个，有的自带加药罐和自吸泵。作业效率 4 ~ 5.5 公顷/小时（60 ~ 80 亩/小时）。配套动力需提升为较大的 75 ~ 90 千瓦（100 ~ 120 马力）拖拉机。

6. 杀秧机（碎秧机）

杀秧机一般为悬挂式，靠拖拉机输出动力驱动锤刀围轴旋转，锤刀长短按垄上、垄间高矮不同而长度不同，达到仿形效果，可将垄背、垄沟地上所有茎秆打碎。对 75 ~ 90 厘米行距的薯田都可进行作业，作业宽度 3 ~ 3.6 米，作业效率：2 ~ 2.6 公顷/小时（30 ~ 40 亩/小时），配套动力需 60 ~ 75 千瓦（80 ~ 100 马力）拖拉机。

（三）机械化整地

整地要求与常规种植基本一致，但应强调翻地一定要用翻转犁，做到地内不留塄沟。同时深度必须达到28～30厘米，均匀一致，撒施基肥后通过耙或旋耕使地面达到平整，以达到播种机正常开沟、覆土的要求，为保证播种质量创造良好条件。如果需要播前起垄的地，可用起垄器（中耕机）按预计播种行距调整好，根据播种对垄高、垄宽的要求起垄。

（四）撒施基肥

化肥品种要以氮、磷、钾配比适当的复合肥为主，基肥用量占总施肥量的65%以上。下边重点介绍如何用好撒肥机，使施用的肥料达到均匀一致。

1. 调整肥量控制器

在撒肥前，首先应根据施用化肥品种的比重及施肥数量调整好肥量控制器，确定行走速度。再依据撒肥机撒肥的宽度决定拖拉机第一趟和第二趟行走之间的距离和行走的方法。

2. 行走方法

一般撒肥时，甩盘甩出的肥料落地情况是近处密、远处稀，如不注意往往造成田间出现一条一条缺肥现象，为避免这一现象的出现，可采有两种撒肥行走方法。

一种是单"U"字形重叠压边行走法。撒肥量调到设计用量的全部，顺地向前走撒肥，到距地头地边1/2撒施宽度时处拐行（呈半弧状，不停止撒肥），再拐入地顺垄直行，这样撒肥覆盖面就有4行为重叠施肥，于是就使原来化肥密度小的地方补充到和撒肥机近处大致相同的肥量。以后每趟都在大约相同处顺垄行走撒肥即可，在地头处均形成"U"字形，这样就能达到施肥均匀的要求。

另一种是正反"U"字形套行法。撒肥量调到设计用量的1/2。入地第一趟，同样在距地边1/2撒肥宽度处入地，到地头同样距地边1/2撒肥宽度处拐行呈半弧状，到距第一趟行走中线4行处再拐顺垄直行与第一趟中线平行，这样一直把半个喷灌圈撒完，等于完成施肥量一半。正面返回来，走原来"U"字形的正中间，顺垄直行，到头向原来的反方向拐行，到下一个"U"字形中间再拐顺垄直行，这样就形成了两个相反的"U"字形套在一起，经两次撒肥把全部设计用量的化肥撒入田间，同时两次远近交叉覆盖，使肥料达到均匀的目的。

另外，两种行走撒肥方法的地边和地头，基本上都是单覆盖，会造成肥量不足，此处的马铃薯生长不如田里边，为解决这一问题，在田里全部撒完之后，要采取"单翅锁地边"的方法：撒肥机有左右连个甩盘，分别负责两侧撒肥，撒地边肥时，可把地外边的出肥口关闭，只留下向地内的一面，拖拉机沿地边行走撒肥，把原来肥量不足的地方补充够量，这样就使全田肥量大体一致了。

整个撒肥作业完成后，要结合耙地或旋耕，使肥料和土壤充分混合，且地面平整，等待播种。

作业中必须注意安全，一般不要打开肥料箱上面的护网，需要调整或排除故障时，必须停车、停转后再进行。

（五）准备种薯

必须使用增产潜力较大的早代脱毒种薯，级别应是原种或一级种。

种薯的准备技术要求和常规种植基本一致，应强调的是芽块的单块重量标准必须达到 35～50 克，且均匀一致，以保证播种密度达到设计要求。另因马铃薯播种机作业速度较快，芽块的消耗量大，因此必须计算好每天播种面积和用种量，提前做好准备，运至地头，防止芽块不够停机等待，影响作业速度，拖后播种期。

（六）播种

播种是马铃薯机械化种植的关键环节。好的播种质量给其他机械作业创造了条件，为马铃薯丰产打下了基础。所以必须认真对待，机手和田间人员要密切配合，精心调试播种机，随时检查播种效果，发现问题及时补救并迅速纠正。

1. 确认播种机行距

多行播种机各开沟器间距离就是行距。假如使用 90 厘米行距，用米尺量好每个开沟器之间都必须是 90 厘米，不对的要调整好并加以固定。

2. 调整播种深度

多行播种机各开沟器的深浅必须一致。根据种植品种不同，设定不同的播种深度，一般开沟 10～12 厘米，垄沟底有 2～3 厘米的回土。

3. 调整播种密度

调整密度主要是调整株距。多行播种机也是靠地轮带动排种主动齿轮，再通过被动齿轮带动排种杯皮带完成排种，更换不同齿数的主动齿轮和被动齿轮就能调整株距。调整好齿轮后进行测试，要求各行的密度必须一致，测试准确后进行正式播种。田间人员应随时扒开垄查看株距的实际情况，如与要求不符要停车进行调整。检查方法：扒开 3 米垄背露出芽块，查块数，如果设计密度为 3 200 株/亩，3 米中应有芽块 13 块，如果少于 13 块应往密调，反之应往稀调。同时，还可检查播种深度和偏正、双株、空株等。

4. 调整覆土器

覆土要求从芽块上部到垄背顶部达到 15 厘米以上，所以，不管是圆盘式覆土器还是铧式覆土器都要调整到位，保证上土量，形成龙台。再就是垄要直，使覆土器的中线与开沟器的中线在一条线上，这样芽块正好在垄中央、达到不偏垄。同时，各行覆土器要调得一致，不能出现有的垄盖土深、有的垄盖土浅的问题。

5. 调试喷水量

带播种沟喷农药装置的播种机，事先要调试好喷水量，以便赶到地头加水加农药。一般4行播种机的农药罐容量为300～350升,喷药压力在2～3米时,每亩合10升左右的药液。喷施的农药主要是杀地下害虫、防真菌、细菌病害的药剂,在往药罐加药前应先在小桶内先稀释好,通过滤网加入大药罐,防止杂质堵塞喷头。要勤检查喷头工作是否正常。

6. 划印器位置

确定好划印器位置,划出下一趟行走标记,以保证交接垄行距一致。

7. 注意事项

(1)开第一趟垄前要先打好基线,以便开直标记垄,为后续垄打好基础 如果机手熟练,也可量好位置插标杆或站人当目标,机手盯住目标以便把垄打直。

(2)上一趟和下一趟的交接垄 要与正常垄行距一致,不能忽宽忽窄。

(3)拖拉机带着播种机入地前一定要摆正后再入地 到地头出地时不要过早拐弯,要等到覆土器覆上土,悬起播种机再拐弯,防止出现喇叭口和嗽嗽口垄。另外,播种机入土、出土一定在预定的边线上,防止地头里出外进不整齐。

(4)跟播种机人员,要认真负责 发现空种杯及时处理,如种杯皮带打滑不上种块,马上喊机手停车修理,防止造成播种"断条""空垄"。

(5)到地头后 除了往播种机料斗中装芽块外,还要及时清理种杯,防止种杯积土带不上芽块,造成空株率高。同时,要清理开沟器上挂的杂草杂物,以及覆土器上沾的泥土等。

(七) 机械中耕

1. 美式中耕培土机中耕方法

播种完成后10～15天,芽块已经萌动并在土中长到2～3厘米,同时杂草部分已经发芽,用轻点的木耢或柴拖子,拖耢一遍，把垄背拖下 3 ~ 5 厘米，起到提高地温、灭草、压实、提墒等作用，之后幼苗很快出土。过 1 周左右，在有 20% ~ 30% 的薯苗已露头，并能看清垄时，用美式中耕机进行第一次中耕，培土 5 厘米左右，把薯苗培在土里，同时小杂草也被埋在土中被闷死，而薯苗却会继续生长破土而出。当薯苗长到培土厚度 5 厘米左右，要求土必须培到薯苗基部，把苗眼培严，埋死苗眼中的小草。经两次中耕培土后，从芽块顶部到垄背距离应达到 18 ~ 20 厘米。

如使用苗前除草剂时，应在第一次中耕后薯苗没出土之前施用。

2. 欧式中耕培土机中耕方法

欧式中耕培土机，后边装有做垄成形器，一次中耕培土可将薯垄直接做成较坚实的梯形垄台。中耕培土时间，在播种后 20 天左右，薯芽伸长离垄背还差 3 厘米左右，快要出土但还没有出土时进行。中耕后使垄背上土 5 厘米左右，由于做垄成形器的作用，中耕机过去后薯垄便成了非常规则表面光洁的比较坚实的梯形垄，要求梯形垄地面上的 3 个边总长度达到 1.1 米，即顶边 30 厘米，两个侧边分别为 40 厘米。从芽块顶部到垄背厚度达到 18 ~ 20 厘米。由于垄三面受光，地温上升很快，中耕后薯苗很快就出土。所以，如果使用苗前封闭式除草剂，必须前边中耕后边随着就喷施，不然就来不及使用苗前除草剂了。

（八）机械打药

1. 打药

病虫草害的防治是马铃薯田间管理的主要内容之一。而病虫草害的防治至今已发展到"以化学防治为主的综合防治"的阶段，所以在马铃薯生产过程中打药时必不可少的。当然要使用高效低残留的农药，并控制施药时间，以保证食品安全。虽然近年马铃薯病虫害有加重的趋势，由于有高效的农药及早预防和好的施药器械，所以防效较好。比如晚疫病，是世界上最难防治，也是造成危害最大的病害，可是近年在我国北方大型现代化农场，通过使用大型打药机施农药 8～10 次进行防治，在晚疫病流行年份也得到了控制，为什么会有这样的结果？一是打药的观念有新的转变；二是有高效低毒的好农药；三是有效果好、效率高的打药机械。

打药作业质量要求：用农药剂量准确、喷水量适当、雾滴均匀、叶面着药液均匀、植株上下覆盖基本一致、不漏喷、少重喷。影响打药作业质量的因素主要有：机械装备的先进性和正确安装及调试，如压力、流量、喷头等；喷雾覆盖范围，配药加药剂量，所用水的水质；天气条件，如雨、风、气温等。所以，在打药机（喷雾机）使用中一定要针对性地采取必要的技术措施。

2. 打药机（喷雾机）的使用

打药机的作业项目比较多，除草剂的喷洒、杀虫剂杀菌剂多次施用、部分化肥包括微量元素的叶面喷施等都得由打药机来完成的，所以，在诸多机械中，打药机的利用率最高。

（1）检查压力和喷头　把药罐装上一定数量的清水，发动机车，展开喷杆，输出动力带动打药机隔膜泵，观察压力表，当压力上升至 3～4 时稳定引擎转数，看压力是否稳定。同时，检查喷头是否喷水。喷头一般都是平扇形喷雾，把喷头喷雾位置调整到稍斜一点，让相邻喷头喷出的扇形交叉部位错开，避免两个喷雾面相碰降低雾化程度。打开喷雾阀门，让所有喷头喷雾，查看是否有喷头堵塞和扇形雾相碰及雾滴是否合适，调整正常即可进行下步调试。

（2）测准喷药液量（升/公顷或升/亩）　药罐装准确数量的干净清水（以罐上的标尺计算），边前行边喷水，将压力设定在 3～4 之间，行走速度 8 千米/小时走 100～200 米，停车，看罐中水剩多少，计算用去多少升水，在计算覆盖面积。用去水的升数除以覆盖面积，就得出每公顷或每亩用了多少升水（药液）。为了准确可测试 3 次求平均值。

例如，按上述压力和行走速度要求，每次走 200 米，喷杆宽度是 21 米，面积为 4 200平方米。水的喷出量 3 次平均为 191 升，这样：

$$药液量（升/亩）=\frac{喷出水量}{面积}=\frac{191\ 升}{4\ 200平方米}=30.3\ 升/亩$$

（3）药液量的调整　有的打药机本身带有一组不同型号的喷头，可直接转换；有的需再购买，用时换上。如果需要增加喷药液量，则需要更换大的喷头、并增加压力、降低前进速度；如果需要减少喷药液量，可以更换小的喷头、减小压力、加快前进速度。打药时雾滴小覆盖率高，防效好，但易飘移；而雾滴大覆盖率较差，防效则低。一般小喷头雾化好，压力大雾化好，但有可能增大喷药量。

（4）药液的配置　根据测得的每公顷或每亩喷药液量及药罐的容量，计算每罐药液可喷洒的面积，再按设计单位面积（公顷或亩）用药量，算出每罐应加多少农药。经准确称量后，先加入小桶，经搅拌浸泡混合后配成原液，再倒入加药罐中进入大药罐。没有加药罐的打药机，可经过双层纱布过滤后直接加进大药罐，自动搅拌或人工搅拌均匀后即可到田间喷洒。两种以上农药，应该分别用小桶配成原液后加入大药罐。

（5）喷雾全覆盖　打药机进地要计算好行走间隔距离，做到不漏喷，保证无隙覆盖。比如，喷杆幅宽 21 米，可覆盖 90 厘米宽的垄 23.3 条垄，从打药机中心算起与下一趟隔 22 个垄（19.8米）就行了，这样有 1 条多一点垄（1.2 米）重喷 1 遍，为了不造成重叠地方药量过大，可将喷杆两头末端喷头换成小喷头，就能达到不漏不重的效果。还应在进地前 2 米左右打开喷头喷雾，出地后 2 米左右关喷头，做到地头不漏喷。

控制好喷头和薯秧顶部距离，以保证喷雾质量，一般喷头应距薯秧顶部 40 厘米左右，如距离过高雾滴会飘移，特别是风大时，不但不能高，还应稍低一点。另外，如果风大，要改用大点的喷头或防风喷头，放低喷杆。

打药机行走时，有可能出现马铃薯植株有半面覆盖不好，或个别地方覆盖不全。为了解决这个问题，在第二遍打药时行走方向应与第一遍行走方向相反，以后每遍打药都应改变一次行走方向，为药液覆盖均匀创造机会。

（6）打药机的维护保养　每次打药最后尽量不剩药液，然后加入清水，开泵喷雾多次，达到清洗药罐、管道、喷头的作用。喷头要逐一清理，拆开各个过滤器滤芯进行清理，之后对软管、压力表、隔膜泵、喷杆等部位都认真检查，没有问题时，入库待用。

（7）注意事项　作业中要不断观察压力表变化，如有问题及时处理；随时查看喷头是否堵塞并及时清除；及时清理过滤器，保证正常工作；加水加药尽量赶到地头，不走空车，方便快捷。

（九）机械打秧

1. 杀秧时间

不同的种植目的，杀秧时间不同。种薯需在收获前 10 ～ 15 天进行，打秧后促使种皮木栓化，停止地上营养及病毒输入薯块；菜用薯加工原料薯，在收获前 1 天杀秧或随杀随收获均可。

2. 确定杀秧机与地面高度

通过调整支撑轮和牵引杠的中央悬臂，使锤刀底刃距垄面 10 厘米以下。如太高留茬太长，不便收获，太低往往造成锤刀打入土中把薯块打伤。

3. 连接动力输出轴

使锤刀由前下方向后上方旋转，将薯块打碎散落地上。为了使地头薯秧不丢下，要求入地前提前旋转锤刀，等完全出地后再停止旋转，避免地头薯秧打不碎。

4. 注意事项

作业中的杀秧机后边 10 米之内不能有人，防止锤刀打飞石子或锤刀脱落伤人。作业时不能打开护盖。用前要检查锤刀及紧固螺丝。

（十）机械收获

1. 收前准备

如果马铃薯收获使用的机械属于挖掘机，只能把薯块翻出经薯土分离后摆在地面上，再由人工捡拾起来。那么收获前要准备好捡薯人员。捡薯时要分级装袋，剔除病、烂、青、伤薯块，工效较慢，因此，捡拾的快慢决定每天收获面积。一般一台双行挖掘机要有 50～80 人捡拾，每人每天可捡薯块 2.5～3 吨，按亩产 3 吨左右的产量，每人每天可完成 0.8～1 亩地。如果捡得较快，机械正常情况下，每台收获挖掘机 1 天可收获 50～80 亩。

还要根据天气情况，提前 7～10 天停止浇水，防止土壤湿度过大，影响收获。

2. 机械收获的技术要点及质量要求

机械收获的技术要点及质量要求请参考本章一（四）内容。

【思考与训练】

1. 马铃薯机械化栽培需要哪些配套机械？
2. 马铃薯机械化栽培选择什么样的土壤？
3. 马铃薯机械化栽培如何整地施肥？
4. 如何确定马铃薯机械化播种时间？播种深度和播种密度？
5. 如何进行马铃薯机械化中耕和机械化喷药？
6. 马铃薯机械化栽培为何要杀秧？如何确定杀秧的时间？
7. 如何进行马铃薯机械化收获？
8. 结合实际，谈谈马铃薯机械化栽培和分散人力种植的马铃薯有何不同。

【知识链接】

马铃薯用喷灌机打肥的方法

马铃薯施肥要求总施肥量的10%左右可采取叶面喷施的方法施入，除用打药机喷施些小量微肥外，其余肥料可用喷灌机结合浇水进行叶面喷施。

1. 准备溶肥池（或溶肥箱、溶肥桶）

如有固定蓄水池的可利用蓄水池，没有蓄水池的，可做简易溶肥池。在喷灌机中心塔架旁，挖2个深1.5米左右，长、宽各2米的方池，用棚膜衬好，从喷灌机主管道留的出水口往池中放水。两个池子轮换使用，不误时间。

2. 准备高压泵

一般使用压力超过喷灌机压力的高压柱塞泵（洗车机）或普通小型电泵，泵的出水口连接在喷灌机主管道事先留好的入水口上，吸水龙头放进溶肥池，并搞清每小时出水多少立方米。如果出水量不清楚，可以实测准确出水量，开泵记时，一定时间后停泵，检查池中水的实际减少量，计算出一池水打净所需时间数。

3. 计算喷灌机全速行走时每小时覆盖面积

一般打肥都用全速，出水量小时走得快。根据不同喷灌机全速行走一圈所用得时间，计算1个小时能够覆盖多少面积。例如，500亩的喷灌圈全速走一圈需16~17个小时，那么每小时应该平均覆盖30亩左右。也可以实测。例如，在500亩圈，喷灌机总长330米，启动喷灌机全速行走，在尾部终端起点做好标记，走半个小时停止，量出起点到停止位置距离，刚好走出一个扇形（按等腰三角形计算），计算半个小时覆盖面积，例如半个小时，行走62米。计算方法：

喷灌机覆盖面积(亩／时) =

$$\frac{尾端行走行距(底) \times 喷灌机总长(高)/2}{亩} \times 2 =$$

$$\frac{62 米 \times 330 米 /2}{亩} \times 2 = 30.6(亩／时)$$

4. 计算往溶肥池投肥数量

根据溶肥池一池水用完的时间，计算喷灌机全速行走能覆盖的面积，再乘上每亩计划用肥量，就是每溶肥池应加入的肥量。例如，一池水需 2.5 小时打净，而 2.5 小时喷灌机行走可覆盖（2.5 小时 ×30 亩/小时）75 亩，每亩计划喷肥 4 千克，一池水内应加化肥（75 亩 ×4 千克/亩）300 千克。加肥最好在打肥前 1 小时，以便更好地溶化。下一池可在上池打肥时就加好，待上池打完马上把泵的吸水龙头换入下一池，以此类推。溶肥池加肥后应用人工或用机械进行充分搅动，促进溶化。

模块十　现代马铃薯规模生产脱毒种薯生产技术

【学习目标】

了解马铃薯种薯脱毒的作用和机理；知道如何制取和繁育脱毒苗，能进行各级脱毒种薯的生产，会选择马铃薯脱毒种薯原种繁殖基地，会防止马铃薯脱毒种薯生产病毒再侵染；明白马铃薯脱毒种薯质量标准，会进行质量控制。

马铃薯种薯在生产上，易感染多种病毒，病毒侵入马铃薯植株后，即参与马铃薯的新陈代谢，利用马铃薯的营养复制增殖，并通过马铃薯块茎逐代积累，使马铃薯植株矮化，茎秆细弱，叶片失绿、卷曲皱缩，薯块变小或畸形，一般减产 20% ~ 30%，严重者减产 80% 以上。目前，尚没有任何药剂能不伤害马铃薯只杀死其植株体内的病毒，唯一的方法是获得脱毒植株和种薯。采用脱毒技术保持种薯健康无病毒和优质高产，已成为世界各国发展马铃薯生产的根本途径。

一、马铃薯种薯脱毒的作用

马铃薯脱毒种薯生产技术有 3 个作用：一是解决马铃薯退化，恢复其生产力；二是加快品种繁殖速度，在我国后者目前显得更为重要，要育成一个新的可利用的品种一般得 10 ~ 12 年才能开始推广种植，而利用该技术引进材料繁殖在 3 ~ 5 年内就可以大面积种植，且形成商品薯；三是提高产量，脱毒种薯没有病菌、细菌和真菌病害，其生活力特别旺盛。马铃薯经脱毒后比普通马铃薯产量增加30% ~50%，脱毒后的块茎大小、薯形都更符合原品种的标准和典型性，且商品率高。

二、马铃薯种薯脱毒的机理

脱毒种薯是应用茎尖组织培养技术繁育马铃薯种苗，经逐代繁育增加种薯数量的种薯生产体系。该技术的理论基础是：马铃薯退化是由于无性繁殖导致病毒连年积累所致，而马铃薯幼苗茎尖组织细胞分裂速度快，生长点的生长速度远远超过病毒增殖速度，这种生长时间差形成了茎尖的无病毒区。茎尖细胞代谢旺盛，在对合成核酸分子的前体竞争方面占据优势，病毒难以获得复制自己的原料，茎尖分生组织内或培养基内某些成分有抑制病毒增殖的作用。所以利用茎尖组织（生长锥表皮下0.2 ~0.5毫米）培养可获得脱毒苗，由脱毒苗快速繁殖可获得脱毒种薯。

三、马铃薯脱毒种薯生产技术

（一）脱毒苗制取技术

脱毒苗的制取和繁殖是无毒种薯生产的第一步，直接影响脱毒种薯生产的成败。

1. 脱毒苗的选择

选择适合当地生产的优良品种或当地主推的优良品种，再选择具有本品种典型特征的并经检测带毒最少的若干个健壮单株，取其若干块薯块。收获后存入窖中（窖温15 ~20℃）自然打破其休眠期，在薯块芽有白质点时放于通风透气、温度20 ~22℃的条件下使其发芽。发芽薯块置于散射光下使其芽顶成绿色，然后从薯块上掰下绿芽。

2. 脱毒苗的处理

取 4~5 厘米长的绿芽若干个，放在无菌室内超净工作台的解剖镜下，剥去嫩叶，切下带 1~2 个叶原基、长度在 0.5~1 厘米的生长点，自来水洗 1~2 分钟，用无菌水冲洗 1~2 分钟，然后浸入 75% 的酒精中 30~40 秒（不能用次氯酸纳和氯化汞）进行灭菌处理，随后再用无菌水冲洗 3~5 次，置于无菌滤纸上吸干水分，在无菌条件于解剖镜下剥取带一个叶原基的茎尖生长点（0.2~0.5 毫米）并迅速接入组织脱毒培养基（MS + 6 – BA0.5 毫克/升）中培养。

3. 茎尖培养

把脱毒培养基放在培养室内培养，保持温度 22~25℃，光照强度 2 500~3 000 勒克斯，每天光照 14~18 小时，40 天左右后看其是否成活，一般成活率在 10% 左右。再将成活的茎尖继续培养 4~5 个月，使其长成为 3~4 个叶的小植株。然后将其切断分置，继续培养成苗，时间需 1 个月。

4. 病毒检测

繁殖的茎尖苗首先要作病毒检测，经过酶联免疫吸附法（ELISA）、化学试剂染色、指示植物接种（白花刺果曼陀罗、千日红、番茄幼苗、心叶烟等）等方法进行病毒检测，淘汰仍带有病毒的茎尖苗，保留确实无病毒的茎尖苗。剥取、培养的茎尖有几十个或几百个，经过检测最后留下无病毒的茎尖苗只有百分之几或千分之几，淘汰大量的带毒苗，因此，培养成活的茎尖苗在未经检测前不能认为是脱毒苗，不宜繁殖推广。只有经过检测而无病毒的茎尖苗才是真正的脱毒苗，才能用于种薯生产。

5. 脱毒苗快繁

脱毒苗的快速繁殖分为基础苗繁殖和生产苗繁殖两个过程。两个过程中使用的培养基成分见下表。

表　马铃薯脱毒苗繁殖培养基　　　　　　　单位：毫克/升

试剂名称	用量	试剂名称	用量
NH_4NO_2	1 650.000	KI	0.830
KNO_3	1 900.000	$Na_2MnO_4 \cdot 5H_2O$	0.250
$CaCl_2 \cdot 2H_2O$	440.000	$CuSO_4 \cdot 5H_2O$	0.025
$MgSO_4 \cdot 7H_2O$	370.000	$CuCl_2 \cdot 62H_2O$	0.025
KH_2PO_4	170.000	糖	25 000~30 000
$Fe \cdot NaEDTA$	36.700	维生素 B_1	0.400
H_3BO_4	6.200	维生素 B_5	0.500
$MnSO_4 \cdot H_2O$	16.900	甘氨酸	0.400
$ZnSO_4 \cdot 7H_2O$	8.600	烟酸	0.500

（1）基础苗繁殖　要求相对高温、弱光照、拉长节间距、降低木质化程度，以利于再次繁殖早出芽及快速生长，加快总体繁殖系数。要求培养温度 25~27℃，光照强度 2 000~3 000 勒克斯，光照时间 10~14 小时，采用人工光照培养室进行培养。在每一代快繁中，切段底部（根部）的脱毒苗转入生产苗进行繁殖，其他各段仍作为基础苗再次扦插。

（2）生产苗繁殖　要求相对低温，强光照使苗壮、茎间短、木质化程度高，这一结果利于移栽，成活率高。要求培养温度 22~25℃，光照强度 3 000~4 000 勒克斯，光照时间 14~16 小时，采用自然光照室进行培养 20~25 天为一个周期，待苗长出 5 叶大约 5 厘米以上，从培养室取出打开顶盖，在室外锻炼 4~6 天即可移栽。

（二）各级脱毒种薯的生产

脱毒苗是各级种薯生产的基础。脱毒苗已把各种病毒脱净，在脱毒种薯继代扩繁过程中，还必须采取各种有效方法，防止病毒的再侵染。

1. 微形薯（脱毒原原种）生产

马铃薯脱毒微型种薯的生产是当今世界马铃薯生产的一个主

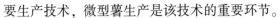

要生产技术，微型薯生产是该技术的重要环节。

在气温相对较低的地方建造温室或防虫网棚，用脱毒苗和微型种薯做繁殖材料，进行脱毒原原种生产。生产中要严格去杂、去劣、去病株。这样生产出的块茎，叫脱毒原原种，这一代称为当代。

2. 脱毒原种生产

在高海拔、高纬度、低温度和风速大的地域，选择与毒源作物有一定距离的隔离区、传毒媒介相对少一些、并由于风速大而使传毒媒介落不下的地块作为繁殖区，同时定期喷洒杀虫药剂。用原原种做繁殖材料，并严格去杂去劣去病株。这样生产出来的块茎，叫做脱毒原种，也称为原种一代。以上原原种、原种称为基础种薯。

3. 脱毒一级种薯生产

在海拔和纬度相对较高、风速较大、气候冷凉、与毒源作物有隔离条件、传毒媒介少的地方，用原种做繁殖材料，进行种薯生产。在生长季节打药防治蚜虫，去杂去劣去病株。这样生产出来的块茎，叫做脱毒一级种薯，也称为原种二代。

4. 脱毒二、三级种薯生产

在地势较高、风速较大、比较冷凉、有一定隔离条件的地块，用脱毒一级种薯或二级种薯做繁殖材料，进行种薯生产。在生产中要及时打药防治蚜虫，去杂、去劣、去病株。这样生产出来的块茎，叫做脱毒二级种薯或脱毒三级种薯，也叫原种三代和四代。以上3个级别的种薯为合格种薯、二级种薯、三级种薯可直接用于大田商品薯生产，所生产出的块茎不能再当种薯应用。

目前由于组织培养所需的设备、药品及设施价格昂贵，利用试管苗剪顶扦插在基质中快繁微型薯原原种，虽可降低一些成本，但直接用于生产农民仍觉承受不起。此外，由于生产需用的种薯数量大，必须用微型薯原原种在防止病毒和其他病原菌再侵染的条件下，建立良种繁育体系，为生产提供健康种薯。

四、马铃薯脱毒种薯原种繁殖基地的选择

马铃薯从原原种到生产所需的良种，一般需要 3～4 年的时间。因此原种繁育基地的选择至关重要，直接关系到几代扩繁的种薯质量。

原种繁殖基地应该具备以下几个条件：高纬度、高海拔、风速大、气候凉。这几个条件必须具备，才能避免病毒的再侵染。传播马铃薯病毒的主要介体是桃蚜，桃蚜最大取食浮动气温为 23～25℃，15℃以下的气温桃蚜起飞困难。因此，冷凉气候不适于蚜虫的繁殖和取食活动。但冷凉气候极适于马铃薯块茎的膨大。地势高、风速大的空旷地，能阻碍蚜虫的降落聚集。原种繁殖基地方圆 10 千米的范围不能有马铃薯生产田或其他马铃薯病毒的寄主植物，如茄科作物。此外原种繁殖基地应严格实行轮作，一般轮作周期应 3 年以上。原种繁殖基地土壤肥力应较高，最好有灌溉条件，确保较高的繁殖系数。要有一定的技术力量，实施防止病毒和其他病原菌再侵染的技术措施及高产栽培技术措施。

五、马铃薯脱毒种薯生产防止病毒再侵染的技术措施

（一）加强田间管理和规范操作防止病毒再侵染

防止病毒再侵染的技术措施包括种薯催壮芽播种、地膜覆盖早播促早熟、合理施肥等促进植株成龄抗性形成的早熟栽培技术。此外要进行田间检查，及时拔除病株。包括清除地上部植株和地下部的母薯及新生块茎，小心装入密闭的袋中拿到远离田外的地方深埋。操作人员应有专用工作服和鞋袜，手要及时用肥皂水消毒后再触摸植株。

（二）早收留种防止病毒再侵染

由于病毒从侵染植株地上部开始到传输至块茎需一段时间，因此采取早收留种也是防止病毒再侵染的技术措施。这是因为带毒蚜虫取食健康植株叶片，将病毒传至叶肉中，病毒粒子复制及转运，需一个细胞一个细胞传递才能传至块茎，这个过程需 7～10 天。因此，在有翅蚜虫迁飞盛期到来之后的 10 天内，应对种薯田的植株采取灭秧措施，一方面有利于生产健康种薯，另一方面有利于种薯在土壤里表皮木栓化，收获时不易破皮。由于早收留种产量会受到影响，可通过早熟栽培措施，或者密植增加群体来提高种薯产量。

（三）二季作地区防止病毒再侵染的措施

在中原二季作地区，利用大棚或阳畦可将播种期提早到 1 月下旬或 2 月上旬，种薯提早 1 个月催大芽，密度每亩 1 万株以上，大约 4 月底 5 月初收获。此时蚜虫尚未进入迁飞盛期，马铃薯植株基本没有受到蚜虫的侵袭，免受了病毒的感染。另外，马铃薯结薯期处于早春冷凉气候段，有利于种薯的生长，产量也高于正常春播。秋繁种薯的播期则往后推迟，使马铃薯出苗时蚜虫已基本没有了。马铃薯结薯期气温较低，有利于薯块膨大。秋季气温逐渐下降，在霜到来之前马铃薯生育时间较短，繁殖的种薯基本上在生理年龄上属于壮龄薯，种性好，生长势强。虽然秋繁种薯因生育时间短而产量低，但由于晚播晚收种性好，所以在二季作区仍是一个重要的良种繁育环节。

（四）种薯繁育中病害防治措施

马铃薯生产从种薯切块、催芽到收获、运输、贮藏各个环节都有可能受到多种真菌和细菌的浸染。发生导致块茎腐烂或降低块茎发芽力的病害，如晚疫病、环腐病、干腐病等。有导致叶片局部病斑，减少光合面积，甚至造成茎叶早枯，降低产量的病害，如早疫病和晚疫病；有为害输导组织引起植株萎蔫的病害，如青枯病、环腐病等。这些病害都直接影响着种薯的质量。在各级种薯繁育过程中，对病害的防治应综合采用如下措施。

1. 在无病区或无病田进行繁殖

无论是原原种、原种还是良种，均应在无病区或无病田进行繁殖，从源头上解决病原菌侵入的问题。引种时要了解当地马铃薯病害的发生情况，严格防止从疫区引种。特别是细菌性病害，目前尚无药剂进行防治。如青枯病、环腐病等。真菌性病害虽无特效药治，但还可用药剂提前预防。如晚疫病等。所以在种薯繁殖过程中，首先应把住第一关，即种源应是无病种薯。

2. 种薯繁殖田实行的轮作

种薯繁殖田必须与非茄科作物实行 3 年以上的轮作。

3. 种薯繁殖田与生产田远离

马铃薯种薯繁殖田应与马铃薯生产田远离，距离应在 10 千米以上，避免病原菌侵入繁种田。

4. 避开高温多雨季节

在马铃薯生长季节，避开高温多雨季节。因高温多雨有利于病害的发生。因此北方一季作区繁种，应适当提早播种，采取促早熟栽培方法，在病害高发期之前收获。

5. 避免块茎受到机械损伤

在收获、运输及贮藏过程中，避免块茎受到机械损伤，因病原菌很易从伤口侵入块茎内部。

六、马铃薯脱毒种薯质量标准和质量控制

（一）马铃薯脱毒种薯质量标准

种薯质量是种植马铃薯成败的关键所在，目前最理想的是优

质脱毒原种一代种薯。一般优质脱毒原种一代种薯的产量比脱毒原种二代增加50%，比脱毒原种三代增加100%。然而优质脱毒原种一代种薯与脱毒原种二代、三代种薯、商品薯，在外观上没有明显差别，难以区分。如何才能买到优质脱毒原种一代种薯呢？为保证种薯质量，种植户应提早向有农作物种子经营许可证、信誉好的企业下订单，以避免临种植时买不到优质种薯，而造成不必要的损失。

（二）马铃薯脱毒种薯质量控制

为保证种薯质量和防止病虫害，种薯生产及贮运过程中应实行种薯检验及检疫制度。根据不同种薯的特性，规定储存方法，严防伪劣种薯交易与传播。

包装上，应标明产品名称、产品的标准编号、商标、生产单位名称、详细地址、规格、净含量和包装日期等，标志上的字迹应清晰、完整、准确。用于马铃薯种薯包装的编织袋应按产品的品种、规格分别包装，同一件包装内的产品需摆放整齐紧密。

运输过程注意防冻、防雨淋、防晒、通风散热、轻拿轻放。

贮存时，按品种、规格分别贮存，温度1~4℃，空气相对湿度保持在60%~80%。库内堆码应保证气流均匀流通。种薯贮藏窖应通风、干燥、避光，具有防鼠、防虫设施，要定期抽查，防止腐烂、虫害等现象发生。

另外，马铃薯种薯的生产、加工、包装、检验、贮藏和标签标注等过程应严格执行现有的国家标准内或行业标准或地方标准。

【思考与训练】

1. 马铃薯脱毒苗如何处理和培养？
2. 马铃薯各级脱毒种薯的生产中应特别注意哪些问题？

3. 结合实际，谈谈马铃薯脱毒种薯生产防止病毒再侵染的技术措施有哪些。

4. 在马铃薯脱毒种薯繁育中采取哪些措施可以防止病害？

5. 如何保证马铃薯脱毒种薯的质量？

【知识链接】

马铃薯脱毒种薯生产与商品薯生产有何不同

马铃薯种薯生产与商品薯生产目的截然不同，种薯生产必须保证质量，符合国家颁布的种薯质量标准（GB 18133—2000）。而商品薯生产追求的主要目标是块大、高产。因此，两者采取的栽培措施也有极大区别，生产种薯需要遵循以下栽培要点。

1. 隔离条件好

种薯生产用地周围 1 千米内无茄科作物或马铃薯生产田。

2. 土地进行 3 年轮作

轮作目的主要是减少土壤中的致病菌，避免种薯感病；同时调节土壤中的微量元素，减少马铃薯种薯连作导致的缺素症。

3. 催芽

催芽是一项增产措施，对种薯繁殖的意义更大。一是通过催芽可淘汰病薯，减少病原；二是植株早出苗、早结薯，及早达到成龄抗病性，减少病毒在植株体内的积累，繁殖健康种薯；三是催芽使种薯出苗整齐，便于识别病株，利于拔杂株除劣株。

4. 适当加大种植密度

控制种薯大小。

5. 适当减少氮肥用量，做到合理施肥

生产种薯不宜多施氮肥，氮肥过多，植株贪青晚熟，块茎过大，水分含量过多，易于碰伤，引起腐烂，不耐贮藏。

6. 病虫害防治

喷药防蚜、防病虫；严格防止蚜虫传播病毒；严格控制真菌性病害早疫病、晚疫病、黑痣病等，细菌性病害黑胫病、青枯病、环腐病等病害和其他害虫发生。

7. 拔除杂株和病劣株

幼苗期和开花期两次进行拔除杂株和病劣株。

8. 适时杀秧

促使薯皮木栓化，减少收获、运输脱皮、腐烂。

9. 种薯调运

种薯分级、装袋、包装、及时组织调运。

模块十一 现代马铃薯规模生产经营管理

【学习目标】

了解马铃薯产业现状与发展趋势，清楚我国马铃薯规模生产价格变化的影响因素与优惠政策，能进行马铃薯规模生产市场调研、制定种植计划，并找到有效的销售渠道。

一、我国马铃薯消费现状与发展趋势

（一）我国马铃薯消费现状

1. 我国马铃薯国内消费

我国马铃薯的消费需求前景广阔。收获后的马铃薯消费主要表现在两方面：一是用作食物消费，二是非食物消费。目前，我国人均马铃薯消费为 31.3 千克，与 20 世纪 90 年代的 14 千克相比，人均年消费量翻了一番，但同发达国家相比相差甚远，马铃薯消费潜力较大。

我国马铃薯消费主要为鲜薯和加工品消费的食用消费。非食用消费主要为种薯消费。我国是世界上马铃薯淀粉潜在的消费大国，据估计：目前国内对马铃薯淀粉及其衍生物的年需求量为 80 万吨以上，我国通过各种渠道进口后国内市场尚缺 40 多万吨，马铃薯作为加工原料薯的市场前景极为广阔。

2. 我国马铃薯的出口情况

我国马铃薯出口到世界上 40 多个国家，主要出口至亚洲、非洲地区的发展中国家，也有部分马铃薯出口至欧洲及美洲，但出口量较少。近年来，我国马铃薯出口量逐年增加，尤其是对东盟、俄罗斯及其他临近国家或地区出口量增长较快。国外市场对我国马铃薯的需求70%以上为鲜或冷藏的马铃薯，马铃薯粉（包括淀粉、细粉、粗粉、粉末、粉片、颗粒、团粒）需求约占20%，其他如种用马铃薯、冷冻马铃薯等约为10%。

（二）我国马铃薯消费趋势

《国家粮食安全中长期发展规划纲要（2008—2020年）》明确将马铃薯作为保障粮食安全的重点作物，摆在关系国民经济和"三农"稳定发展的重要地位。同时，规划纲要对马铃薯加工业的发展提出了新的要求。2012年初中国工业和信息化部发布的《马铃薯加工业"十二五"发展规划》，到2015年，中国马铃薯加工业总产值达到350亿元，利税45亿元，年加工转化马铃薯1 400万吨，利用现代科技延长马铃薯的产业链。

看到马铃薯作为主食产品的经济增长点，一些企业伺机而动，欲将业务拓展至马铃薯全粉的生产加工。马铃薯全粉加工可以做成压缩饼干、高档面包。工业用途上可做变性淀粉。集马铃薯育种、种植、淀粉研发、生产和销售等业务于一体的内蒙古奈伦农业科技股份有限公司，也将借助马铃薯主粮化趋势，研发更多品种的马铃薯产品。

二、我国马铃薯规模生产价格变化与优惠政策

（一）我国马铃薯生产价格的变化

1. 马铃薯价格波动规律

在多年马铃薯生产发展过程中，马铃薯种植面积、产量呈现在波动中上升的局面。从近几年马铃薯价格走势看，尽管近年马铃薯加工、鲜薯（种薯）出口、科技进步等方面的发展推动着马

铃薯产业的持续发展，但马铃薯价格对马铃薯种植面积、产量起到十分重要的调节作用。

由于我国马铃薯以鲜食菜用为主，市场价格表现出明显的季节性波动特点。每年11月至次年5月，马铃薯月度价格整体呈上升趋势，每年6—8月马铃薯月度价格呈下降趋势，9—10月价格相对平稳（图11-1）。

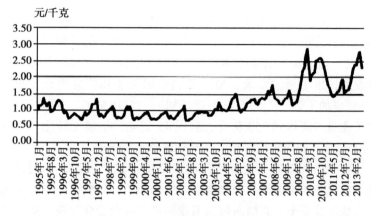

图11-1　1995年1月至2013年7月全国马铃薯月度批发价格
（数据来源：中国农业信息网）

2. 影响马铃薯价格波动的原因

（1）市场供求变化是马铃薯价格波动的基础　马铃薯价格的不稳定，很大程度上受市场供应的影响。例如北方的马铃薯主要为春种和秋种，2014年春收马铃薯因价格好，2015年全国种植大户大量种植马铃薯，仅广东省的种植面积就增加了10%左右。再加上今年是丰收年，受北方市场库存量大的影响，造成马铃薯市场需求不旺，所以，经销商不敢大量采购，直接拉低了本年马铃薯的收购价格。2015马铃薯平均收购价2.0~2.2元/千克，与去年最高每千克3.6元价格相比，确实降低了不少。此外，马铃薯收获和上市数量在时间也导致马铃薯市场供给的波动。由于马

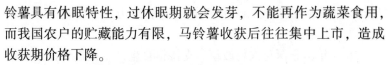

铃薯具有休眠特性，过休眠期就会发芽，不能再作为蔬菜食用，而我国农户的贮藏能力有限，马铃薯收获后往往集中上市，造成收获期价格下降。

（2）生产成本增加是马铃薯价格长期上涨的主要因素　2003年以来，马铃薯市场价格的持续上涨，一个合理的解释就是2004—2012年，我国马铃薯生产成本增加 90%，年均增加 9%。其中，物质费用增长 69%，人工费用增长 90%，土地成本增长 265%。

（3）马铃薯产供需求的脱节和生产经营的分散是马铃薯价格波动的内在因素　除了市场因素外，产业因素是影响马铃薯价格波动的内在原因。一方面，受传统计划经济影响，我国长期以来重视农产品数量的增长，而忽视与市场的对接。且马铃薯育种以鲜食、抗病为主，忽视了工业加工等专用品种的选育，导致马铃薯产品结构和上市时机与市场需求脱节。另一方面，由于我国农户小规模生产且分散经营，不仅应对市场风险的能力较弱，而且也很难准确地掌握市场信息，在马铃薯生产者和消费者之间存在信息不对称的情况下，很容易跟风，存在严重的生产盲目性和市场的无序性，使得马铃薯市场价格难以稳定。

（二）我国马铃薯生产补贴与优惠政策

为落实好中央财政农作物良种补贴政策，提高资金使用效益，保护和调动农民生产积极性，农业部和财政部联合发布《关于做好 2014 年中央财政农作物良种补贴工作的通知》（以下简称《通知》）。

《通知》要求，2014 年马铃薯实施脱毒种薯扩繁和大田种植补贴，每亩补贴 100 元，补贴对象为农民、种植大户、家庭农场、农民合作社或企业。马铃薯良种补贴面积为：河北 5 万亩、山西 5 万亩、内蒙古 30 万亩、吉林 5 万亩、黑龙江 25 万亩、湖北 5 万亩、重庆 22 万亩、四川 25 万亩、贵州 23 万亩、云南 23

万亩、陕西 5 万亩、甘肃 29 万亩、青海 20 万亩、宁夏 24 万亩、黑龙江 4 万亩。

2015 年国家深化农村改革、支持粮食生产、促进农民增收最新出台的政策措施有 50 项，其中与马铃薯生产有关的如下所示。

1. 种粮直补政策

中央财政将继续实行种粮农民直接补贴，补贴资金原则上要求发放给从事粮食生产的农民，具体由各省级人民政府根据实际情况确定。2014 年 1 月，中央财政已向各省（区、市）预拨 2015 年种粮直补资金 151 亿元。

2. 农资综合补贴政策

2015 年 1 月，中央财政已向各省（区、市）预拨种农资综合补贴资金 1071 亿元。

3. 良种补贴政策

马铃薯一、二级种薯每亩补贴 100 元。

4. 农机购置补贴政策

中央财政农机购置补贴资金实行定额补贴，即同一种类、同一档次农业机械在省域内实行统一的补贴标准。

5. 农机报废更新补贴试点政策

农机报废更新补贴标准按报废拖拉机、联合收割机的机型和类别确定，拖拉机根据马力段的不同补贴额从 500 元到 1.1 万元不等，联合收割机根据喂入量（或收割行数）的不同分为 3 000 元到 1.8 万元不等。

6. 新增补贴向粮食等重要农产品、新型农业经营主体、主产区倾斜政策

国家将加大对专业大户、家庭农场和农民合作社等新型农业经营主体的支持力度，实行新增补贴向专业大户、家庭农场和农民合作社倾斜政策。

7. 测土配方施肥补助政策

2015 年，中央财政安排测土配方施肥专项资金 7 亿元。2015

年，农作物测土配方施肥技术推广面积达到 14 亿亩；粮食作物配方施肥面积达到 7 亿亩以上；免费为 1.9 亿农户提供测土配方施肥指导服务，力争实现示范区亩均节本增效 30 元以上。

8. 土壤有机质提升补助政策

2015 年，中央财政安排专项资金 8 亿元，继续在适宜地区推广秸秆还田腐熟技术、绿肥种植技术和大豆接种根瘤菌技术，同时，重点在北方粮食产区开展增施有机肥、盐碱地严重地区开展土壤改良培肥综合技术推广。

9. 做大做强育繁推进一体化种子企业支持政策

农业部将会同有关部委继续加大政策扶持力度，推进育繁推一体化企业做大做强。一是强化项目支持。二是推动科技资源向企业流动。三是优化种业发展环境。

10. 农产品追溯体系建设支持政策

经国家发改委批准，农产品质量安全追溯体系建设正式纳入《全国农产品质量安全检验检测体系建设规划（2011—2015 年）》，总投资 4 985 万元，专项用于国家农产品质量安全追溯管理信息平台建设和全国农产品质量安全追溯管理信息系统的统一开发。

11. 农业标准化生产支持政策

中央财政继续安排 2 340 万财政资金补助农业标准化实施示范工作，在全国范围内，依托"三园两场""三品一标"集中度高的县（区）创建农业标准化示范县 44 个。

12. 国家现代农业示范区建设支持政策

对农业改革与建设试点示范区给予 1 000 万元左右的奖励。力争国家开发银行、中国农业发展银行今年对示范区建设的贷款余额不低于 300 亿元。

13. 农产品产地初加工支持政策

2015 年，将继续组织实施农产品产地初加工补助项目，按照不超过单个设施平均建设造价 30% 的标准实行全国统一定额补助。

14. 培育新型职业农民政策

2015 年，农业部将进一步扩大新型职业农民培育试点工作，使试点县规模达到 300 个，新增 200 个试点县，每个县选择 2～3 个主导产业，重点面向专业大户、家庭农场、农民合作社、农业企业等新型经营主体中的带头人、骨干农民。

15. 基层农技推广体系改革与示范县建设政策

2015 年，中央财政安排基层农技推广体系改革与建设补助项目 26 亿元，基本覆盖全国农业县。

16. 阳光工程政策

2015 年，国家将继续组织实施农村劳动力培训阳光工程，以提升综合素质和生产经营技能为主要目标，对务农农民免费开展专项技术培训、职业技能培训和系统培训。

17. 培养农村实用人才政策

2015 年依托培训基地举办 117 期示范培训班，通过专家讲课、参观考察、经验交流等方式，培训 8 700 名农村基层组织负责人、农民专业合作社负责人和 3 000 名大学生村官。选拔 50 名左右优秀农村实用人才，每人给予 5 万元的资金资助。

18. 发展新型农村合作金融组织政策

2015 年，国家将在管理民主、运行规范、带动力强的农民合作社和供销合作社基础上，培育发展农村合作金融，选择部分地区进行农民合作社开展信用合作试点，丰富农村地区金融机构类型。国家将推进社区性农村资金互助组织发展，这些组织必须坚持社员制、封闭性原则，坚持不对外吸储放贷、不支付固定回报。国家还将进一步完善对新型农村合作金融组织的管理体制，明确地方政府的监管职责，鼓励地方建立风险补偿基金，有效防范金融风险。

19. 农业保险支持政策

对于种植业保险，中央财政对中西部地区补贴 40%，对东部地区补贴 35%，对新疆生产建设兵团、中央单位补贴 65%，省级财政至少补贴 25%。中央财政农业保险保费补贴政策覆盖全国，地方可自主开展相关险种。

20. 扶持家庭农场发展政策

推动落实涉农建设项目、财政补贴、税收优惠、信贷支持、抵押担保、农业保险、设施用地等相关政策，帮助解决家庭农场发展中遇到的困难和问题。

21. 扶持农民合作社发展政策

2015 年，除继续实行已有的扶持政策外，农业部将按照中央的统一部署和要求，配合有关部门选择产业基础牢、经营规模大、带动能力强、信用记录好的合作社，按照限于成员内部、用于产业发展、吸股不吸储、分红不分息、风险可掌控的原则，稳妥开展信用合作试点。

22. 完善农村土地承包制度政策

2015 年，选择 3 个省作为整省推进试点，其他省（区、市）至少选择 1 个整县推进试点。

国家提出马铃薯主粮化战略，使马铃薯成为继小麦、水稻、玉米之后我国第四大主粮作物。与其他主粮作物相比，马铃薯耐瘠薄抗旱，粮菜兼用，已经从困难年代发挥重要作用的"救命薯"成为农民脱贫致富的"致富薯"。但是，与水稻、小麦、玉米等粮食作物比较，种粮补贴、良种补贴等方面的扶持政策在马铃薯种植方面尚处于空白或试点阶段。在 2015 年的全国"两会"上，有代表建议国家比照其他粮食作物对马铃薯制定出台扶持政策。将种粮补贴政策扩大到马铃薯种植上；参照目前小麦、玉米和水稻的补贴标准，综合考虑马铃薯种植亩均需种量较大，建议国家在 10 元/亩标准上适当提高标准对马铃薯出台良种补贴政策；鉴于马铃薯与小麦、玉米和水稻等其他粮食作物相比不耐储存的特性，建议研究制定出台对马铃薯生淀粉的保护价收储政策，在鲜薯市场价格低于一定水平时，收储马铃薯淀粉，鼓励加工企业收购鲜薯，从而对马铃薯鲜薯价格波动起到稳定作用。

三、我国马铃薯规模生产市场调研与种植决策

市场经济就是一切生产经营活动都需要围绕市场转，生产什么、市场多大、卖价多少，都需要根据市场调研后才能作出正确决策，以取得良好的经济效益。

（一）我国马铃薯市场调研

马铃薯市场调研就是针对农产品市场的特定问题，系统且有目的地收集、整理和分析有关信息资料，为马铃薯的种植、营销提供依据和参考。

1. 马铃薯市场调研的内容

（1）马铃薯市场环境调查　主要了解国家有关马铃薯生产的政策、法规，交通运输条件，居民收入水平、购买力和消费结构等。

（2）马铃薯市场需求调查　一是市场需求调查。国内外在一定时段内对马铃薯产品的需求量、需求结构、需求变化趋势、需求者购买动机、外贸出口及其潜力调查。二是市场占有率调查。是指马铃薯产品加工企业在市场所占的销售百分比。

（3）马铃薯产品调查　主要调查：一是马铃薯品种调查。重点了解市场需要什么品种，需要数量多少，农户种植的品种是否适销对路。二是马铃薯产品质量调查。调查产品品质等。三是马铃薯产品价格调查。调查近几年马铃薯种植成本、供求状况、竞争状况等，及时调整生产计划，确定自己的价格策略。四是产品发展趋势调查。通过调查马铃薯产品销售趋势，确定自己的投入水平、生产规模等。

（4）马铃薯销售调查　一是马铃薯产品销路。重点对销售渠道，以及马铃薯产品在销售市场的规模和特点进行调查。二是购买行为。调查企业对马铃薯产品的购买动机、购买方式等因素。

三是马铃薯产品竞争。调查竞争形势，即马铃薯生产的竞争力和竞争对手的特点。

2. 马铃薯市场调查方法

主要是收集资料的方法。一是直接调查法，主要有访问法、观察法和实验法。二是间接调查法或文案调查法，即收集已有的文献资料并整理分析。

（1）文案调查法　就是对现有的各种信息、情报资料进行收集、整理与分析。主要有 5 条途径。

一是收集马铃薯经营者内部资料。主要包括不同区域与不同时间的销售品种和数量、稳定用户的调查资料、广告促销费用、用户意见、竞争对手的情况与实力、产品的成本与价格构成等。

二是收集政府部门的统计资料和法规政策文件。主要包括政府部门的统计资料、调查报告，政府下达的方针、政策、法规、计划，国外各种信息和情报部门发布的消息。

三是到互联网上收集信息。可以经常关注中国农产品市场网、中国马铃薯交易网、中国农业信息网、中国惠农网、中国马铃薯信息网等。

四是到图书馆收集信息。借阅或查阅有关图书、期刊，了解马铃薯生产情况。

五是观看电视。收看电视新闻节目，了解政府最新政策动向和市场环境变化情况；可以关注 CCTV 7 农业频道的有关马铃薯生产、销售的新闻节目和专题节目。

（2）访问法　事先拟定调查项目或问题以某种方式向被调查者提出，并要求给予答复，由此获得被调查者或消费者的动机、意向、态度等方面信息。主要有面谈调查、电话调查、邮寄调查、日记调查和留置调查等形式。

（3）观察法　由调查人员直接或通过仪器在现场观察调查对象的行为动态并加以记录而获取信息的一种方法。有直接观察和测量观察。

（4）实验法　指在控制的条件下对所研究现象的一个或多个因素进行操纵，以测定这些因素之间的关系。如包装实验、价格实验、广告实验、新产品销售实验等。

3. 市场调研资料的整理与分析

市场调研后，要对收集到的资料数据进行整理和分析，使之系统化、合理化和简单化。

（1）市场调研资料整理与分析的过程　首先，要把收集的数据分类，如按时间、地点、质量、数量等方式分类；其次，对资料进行编校，如对资料进行鉴别与筛选，包括检查、改错等；再次，对资料进行整理，进行统计分析，列成表格或图式；最后，从总体中抽取样本来推算总体的调查带来的误差。

（2）市场调研数据的调整　在收集的数据中，由于非正常因素的影响，往往会导致某些数据出现偏差。对于这些由于偶然因素造成的、不能说明正常规律的数据，应当进行适当地调整和技术性处理。主要有剔除法、还原法、拉平法等。

（3）应用调研信息资料的若干技巧　市场调研获得信息后，就要进行利用。下面介绍利用市场调研信息进行经营活动的一些技巧。

一是反向思维。就是按事物发展常规程序的相反方向进行思考，寻找利于自己发展，与常规程序完全不同的路子。这一点在马铃薯种植销售更值得思考，农民往往是头一年那个产品销售的好，第二年种植面积就会大幅度增减，造成马铃薯价格大幅度下降，出现"薯贱伤农"的现象。如当季马铃薯供过于求时，价格低廉可将产品贮藏起来，待马铃薯供不应求时卖出，以赚取利润。

二是以变应变。就是及时把握市场需求的变动，灵活根据市场变动调整马铃薯种植销售策略。

三是"嫁接"。就是分析不同地域的优势和消费习惯，把其中能结合的连接起来，进行巧妙"嫁接"，从中开发新产品、新市场。

四是"错位"。就是把劣势变成优势开展经营。如马铃薯中的反季节种植与销售。

五是"夹缝"。就是寻找市场的空隙或冷门来开展经营。马铃薯生产经营易出现农户不分析市场信息，总是跟在别人后面跑，追捧所谓的热门，结果出现亏本。寻找市场空隙和冷门对生产规模不大的农产品经营者很有帮助。

六是"绕弯"。就是用灵活策略去迎合多变的市场需求。可将马铃薯进行适当的加工、包装后，就有可能获得大幅度增值。

(二) 我国马铃薯规模生产种植决策

1. 调整种植结构，促进规模化发展

我国马铃薯的种植仍以一家一户的分散式经营为主，存在投入多、产出少、专业化水平低、规模效益差等问题。要实现规模化经营、实现规模效益土地集中是关键。需要积极促进土地合理有效流转，把分散的土地集中起来，把散户的土地集中在种田大户和合作社手中，集中管理和经营；创新经营组织模式，寻求有效、合理的农村土地规模化经营方式和途径，走区域化布局、专业化生产和规模化经营的现代农业发展道路。

2. 加强种业建设，规范种薯市场

促进种业的健康发展，必须加强规划和管理，重视生产和监管。重视种薯生产基础设施的建设，加大投入，建设规模化、工厂化的种薯生产体系；加快配套完善的标准和规范，建立健全脱毒种薯繁育和质量检测监督体系，增加监督力度，大力推广优良种薯和脱毒种薯。除了对生产企业的监管，同时要加大销售市场的管理，应该建立种薯市场准入制度，规范种薯经营行为，通过建设专门的种薯储存和交易的市场，创造有序的市场环境；另一方面，政府应该鼓励生产企业积极打造区域品牌，增强种薯企业的活力和竞争力。通过对种业的双重管理，建立有序良性的竞争

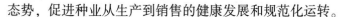

态势，促进种业从生产到销售的健康发展和规范化运转。

3. 加大科技支撑力度，增加技术储备

结合我国马铃薯产业现状，要赶上甚至超越西方发达国家马铃薯产业的发展水平，必须积极探索科研与生产的合作模式，消除科研与生产单位相脱节现象；促进科研、生产在功能与资源优势上的协同和集成，使科研直接面向生产，有的放矢地确定课题；把产品的研究与开发过程的各个阶段连接起来，使各个环节紧密衔接，消除研究与应用的脱节，使科研与生产结合一体，科研单位通过各种方式、各种途径向生产企业输出技术和知识，提高科研生产工作效率，缩短从科研到生产应用的周期，尽快实现科研成果的转化。

4. 加大政策扶持力度

根据现阶段我国马铃薯产业发展特点及薄弱环节，亟需国家在良种补贴、农机具补贴等方面加大政策扶持，加强对马铃薯主产区的生产能力建设；探索马铃薯高新技术推广的新机制和新办法，加强农业技术推广体系建设；支持马铃薯主产区加工企业进行技术引进和技术改造，建设仓储设施。保证惠农政策渗透各个环节，从产出到销售，创造良好的政策环境，促进我国马铃薯产业健康快速的发展。

四、我国马铃薯规模生产的销售策略

马铃薯的主粮化，不仅意味着主产区、种植区的消费者把马铃薯当成自己的主粮，更是意味着通过市场营销、广告宣传、产品推广，使得消费者普遍接受作为主食的马铃薯。

马铃薯自身品质的不断提高为马铃薯成为主粮打下重要的基础，而马铃薯市场营销战略的提升则是马铃薯成为主粮的主要途径，双管齐下，方见其效。

（一）马铃薯专业市场销售

专业市场销售，即通过建立影响力大、辐射能力强的马铃薯专业批发市场，来集中销售马铃薯。一是政府开办的马铃薯批发市场，由地方政府和国家商务部共同出资参照国外经验建立起来的马铃薯专业批发市场；二是自发形成的马铃薯批发市场，一般是在城乡集贸市场基础上发展起来的；三是产地批发市场，是指在马铃薯产地形成的批发市场，一般生产的区位优势和比较效益明显；四是销地批发市场，是指在马铃薯销售地，马铃薯营销组织将集货再经批发环节，销往本地市场和零售商，以满足当地消费者需求。

专业市场销售以其具有的诸多优势越来越受到各地的重视。具体而言，专业市场销售集中、销量大，对于分散性和季节性强的马铃薯而言，这种销售方式无疑是一个很好的选择。对信息反应快，为及时、集中分析、处理市场信息，做出正确决策提供了条件。能够在一定程度上实现快速、集中运输，妥善储藏，加工及保鲜。解决马铃薯生产的分散性、地区性、季节性和农产品消费集中性、全国性、常年性的矛盾。

（二）马铃薯产地市场销售

指马铃薯在生产当地进行交易的买卖场所，又称马铃薯初级市场。马铃薯在产地市场聚集后，通过集散市场（批发环节）进入终点市场（城市零售环节）。我国的农村集镇大多数是农产品的产地市场。产地市场大多数是在农村集贸市场基础上发展起来的。但产地市场存在交易规模小，市场辐射面小，产品销售区域也小，不能从根本上解决马铃薯卖难、流通不畅的社会问题，需要政府出面开办马铃薯产地批发市场。

（三）马铃薯专业合作社销售

合作组织销售，即通过综合性或区域性的社区合作组织，如流通联合体、贩运合作社、专业协会等合作组织销售马铃薯。购销合作组织为农民销售马铃薯，一般不采取买断再销售的方式，而是主要采取委托销售的方式。所需费用，通过提取佣金和手续费解决。购销合作组织和农民之间是利益均摊和风险共担的关系，这种销售渠道既有利于解决"小农户"和"大市场"之间的矛盾，又有利于减小风险。购销组织也能够把分散的农产品集中起来，为马铃薯的再加工、实现增值提供可能，为马铃薯产业化发展打下基础。目前流行的"农超对接"的最基本模式就是"超市＋农民专业合作社"模式。专业合作社和超市是"农超对接"的主体，专业合作社同当地的农民合作，来帮助超市采购马铃薯。正是由于专业合作社和大型超市的发展才使得"农民直采"的采购模式得以发展。

（四）马铃薯农业会展社销售

农业会展以农产品、农产品加工、花卉园艺、农业生产资料以及农业新成果新技术为主要内容，主要包括有关农业和农村发展的各种主题论坛、研讨会和各种类型的博览会、交易会、招商会等活动，具有各种要素空间分布的高聚集型、投入产出的高效益型、经济高关联性等特点，是促进消费者了解地方特色农产品和农业对外交流与合作的现代化平台。如中国国际绿色食品博览会等。农业会展经济源于农产品市场交换，随着市场经济的发展而日益繁荣，是农业市场经济和会展业发展到一定阶段的产物。农民朋友可利用各种展会渠道，根据自身需要，积极参加农业会展，推介自己特色农产品。

（五）马铃薯网络销售

网络营销已成为农产品销售新潮流。通过在中央 7 台农业频道发布"农产品应急销售广告"、在中国农业信息网、中国惠农网发布马铃薯销售信息，甚至通过农户个人微博、博客、微信平台发布马铃薯销售信息及图片，拓宽马铃薯销售渠道（图 11 -2）。相信网络销售将给马铃薯市场带来更多的机遇。

图 11 -2　湖北荆州地区一家蔬菜专业合作社社员种植的紫色马铃薯网上销售火爆

此外，马铃薯还可以通过报纸、杂志、新闻报道等媒体发布销售信息，进行新闻营销；或者通过旅游生态农业建立马铃薯家庭农庄，集休闲、观光、采摘、餐饮于一体，吸引八方来客，扩大销售渠道。

【思考与训练】

1. 简述马铃薯产业现状与发展趋势。
2. 马铃薯规模生产的优惠政策有哪些？
3. 简述马铃薯规模生产市场调研方法与种植决策。
4. 我国马铃薯规模生产的销售策略有哪些？

主要参考文献

[1] 刘海河，王丽萍．马铃薯安全优质高效栽培技术［M］．北京：化学工业出版社，2013．

[2] 董道峰，杨元军，刘芳，等．马铃薯高效栽培技术［M］．济南：山东科学技术出版社，2012．

[3] 马新明，郭国侠．农作物生产技术［M］．北京：高等教育出版社，2001．

[4] 谭宗九，等．马铃薯高效栽培技术［M］．北京：金盾出版社，2008．

[5] 朱聪．我国马铃薯生产发展历程及现状研究［J］．安徽农业科学，2013，41（27）：11121－11123．

[6] 黄国勤．规模化生产：我国现代农业发展的重要方向［J］．中国井冈山干部学院学报，2014，25（01）：111－117．

[7] 谢建华．我国马铃薯生产现状及发展对策［J］．中国农技推广，2007，23（05）：4－7．

[8] 杨小刚，王艳红，魏阳，等．我国马铃薯生产与发达国家对比［J］．农业工程，2014，04（07）：178－180．

[9] 王希卓，朱旭，孙洁，等．我国马铃薯主粮化发展形势分析［J］．农产品加工，2015，02（377）：52－55．

[10] 赵乐园，曾祥茂，赵迎春，等．高淀粉加工型马铃薯新品种鄂马铃薯5号栽培技术［J］．中国马铃薯，2007，21（01）：51－53．

[11] 李勤志．中国马铃薯生产的经济分析［D］．武汉：华中农业大学博士论文，2008．

[12] 张锐，陈玉成，于天颖，等．马铃薯贮藏特性及条件［J］．农业科技与装备，2012，09（219）：67－68．

[13] 普红梅，姚春光，李燕山，等．马铃薯贮藏方法与技术［J］．云南农业科技，2013，06（06）：34－37．

[14] 赵生山，牛乐华．马铃薯贮藏中存在的问题及对策［J］．农业科技与信息，2008，07（07）：56－57．

[15] 陈爱昌，张杰，骆得功．马铃薯贮藏期腐烂原因及防治对策［J］．中

国马铃薯, 2010, 02 (02)：112 – 113.

[16] 包改红, 毕阳, 李永才, 等. 不同愈伤时间对低温贮藏期间马铃薯采后病害及品质的影响 [J]. 食品工业科技, 2013, 34 (11)：330 – 33.

[17] 邓春凌. 商品马铃薯的贮藏技术 [J]. 中国马铃薯, 2010, 02 (022)：86 – 87.

[18] 程学联. 马铃薯种薯贮藏技术 [J]. 现代农业科技, 2009, 01 (01)：86.

[19] 李占香, 郭雄, 魏占花, 等. 马铃薯种薯贮藏方法 [J]. 青海农林科技, 2002, 04 (04)：63 – 66.

[20] 张廷义, 魏周全. 马铃薯贮藏期块茎干腐病药剂防治试验 [J]. 中国马铃薯, 2006, 06 (06)：348 – 349.

[21] 田世龙. 马铃薯贮藏要点口诀. 农业工程技术 [J]. 农产品加工业, 2009, 11 (11)：36.

[22] 马文武. 马铃薯地膜覆盖的作用及其栽培技术 [J]. 现代农业科技, 2013, 09 (09)：85 – 86.

[23] 于恒. 马铃薯地膜覆盖与大棚栽培技术 [J]. 黑龙江科技信息, 2015, 03 (03)：181.

[24] 金晓团, 王雅. 马铃薯地膜覆盖高产栽培技术 [J]. 现代农业科技, 2011, 12 (24)：140 – 141.

[25] 张华, 夏阳, 刘鹏. 我国马铃薯机械化收获现状及发展建议 [J]. 农业机械, 2015, 08 (15)：89 – 90.

[26] 周素萍, 周成, 柳春柱. 我国马铃薯机械化生产技术研究 [J]. 农业科技与装备, 2008, 06 (177)：94 – 96.

[27] 韩黎明. 脱毒马铃薯种薯生产基本原理与关键技术 [J]. 金华职业技术学院学报, 2009, 12 (06)：71 – 74.

[28] 张青峰. 马铃薯与几种农作物的间作套种栽培技术 [J]. 河南农业, 2014, 06 (12)：47.

[29] 陈彦云, 曹君迈, 陈晓军, 等. 我国马铃薯贮藏加工产业现状及其发展建议 [J]. 保鲜与加工, 2011, 11 (5)：47 – 49.

[30] 谢从华. 马铃薯产业的现状与发展 [J]. 华中农业大学学报 (社会科学版), 2012, 01 (1)：1 – 4.

［31］蔡海龙. 我国马铃薯价格波动的原因探析［J］. 价格理论与实践，2013，9（09）：64－65.

［32］王希卓，朱旭，孙洁，等. 我国马铃薯主粮化发展形势分析［J］. 农产品加工，2015，2（02）：52－55.